江苏省品牌专业二期建设项目（苏教高函〔2020〕9号）
国家级一流本科专业建设点（教高厅函〔2021〕7号）
资 助 出 版

Study on Absorption of Sulfur Dioxide by Composite Absorbent Based Sodium Humate

腐植酸钠复合吸收剂脱硫机制研究

赵 宇 著

U0203134

江苏大学出版社
JIANGSU UNIVERSITY PRESS
镇 江

图书在版编目(CIP)数据

腐植酸钠复合吸收剂脱硫机制研究／赵宇著. —镇江：江苏大学出版社,2021.12
ISBN 978-7-5684-1540-8

Ⅰ.①腐… Ⅱ.①赵… Ⅲ.①腐植酸钠－烟气脱硫－研究 Ⅳ.①X701

中国版本图书馆 CIP 数据核字(2021)第 253972 号

腐植酸钠复合吸收剂脱硫机制研究
Fuzhisuanna Fuhe Xishouji Tuoliu Jizhi Yanjiu

著　　者/赵　宇
责任编辑/王　晶
出版发行/江苏大学出版社
地　　址/江苏省镇江市梦溪园巷 30 号(邮编：212003)
电　　话/0511-84446464(传真)
网　　址/http：//press.ujs.edu.cn
排　　版/镇江文苑制版印刷有限责任公司
印　　刷/广东虎彩云印刷有限公司
开　　本/890 mm×1 240 mm　1/32
印　　张/5.125
字　　数/156 千字
版　　次/2021 年 12 月第 1 版
印　　次/2021 年 12 月第 1 次印刷
书　　号/ISBN 978-7-5684-1540-8
定　　价/46.00 元

如有印装质量问题请与本社营销部联系(电话：0511-84440882)

前　言

　　大气污染是人类社会所面临的一个重要环境问题。大气质量优劣对整个生态及人类健康有着直接的影响。随着人类社会的不断发展,人类对各类能源的需求也在持续增加。传统化石能源仍然是人类的主要能源来源,譬如煤和石油等。但是这些化石类燃料在燃烧使用的过程中会产生大量 SO_2、NO_x 及粉尘等污染物质,这些物质大量排入大气将会造成严重的大气污染。因此,大气污染问题越来越受到世界各国的普遍关注。

　　大气的主要污染物种类较多,其中很大一部分是硫氧化物。它是硫的氧化合物的总称,即二氧化硫(SO_2)、三氧化硫(SO_3,硫酸酐)、三氧化二硫(S_2O_3)、一氧化硫(SO),此外还有两种过氧化物:七氧化二硫(S_2O_7)和四氧化硫(SO_4)。硫氧化物中,尤其以二氧化硫(SO_2)居多。硫氧化物与水滴、粉尘并存于大气中,与颗粒物中的铁、锰等金属催化剂发生氧化作用,从而形成硫酸雾或造成酸性降雨,危害人体健康和植物生长,而且会腐蚀设备、建筑物等。在硫氧化物控制领域,主要的控制方法可分为采用低硫燃料和清洁能源替代燃料、燃料脱硫、燃烧过程中脱硫和烟气脱硫,其中,燃料脱硫和烟气脱硫使用较多。目前,国内外比较成熟的脱硫技术主要是石灰石-石膏湿法及循环流化床半干法。随着烟气脱硫设备运行数量的不断增加和规模的不断扩大,国家节能环保和循环经济发展的要求的提出,以及脱硫副产品的产量日益增加,脱硫副产品的处理问题日益突出,因此理想的烟气脱硫技术应该是无废物产生、可再生循环利用,且无二次污染。可回收硫资源的烟气脱硫技术成为当前研究的热点和主要方向。

腐植酸钠烟气脱硫技术具有无废物产生且无二次污染的特点,其有可能成为替代石灰石-石膏湿法脱硫的新技术之一,具有广阔的应用范围和良好的发展前景。经过国内外多年的研究和发展,腐植酸钠脱硫技术的可行性,以及脱硫副产物资源化等在实验研究阶段获得较多成果,探索腐植酸钠复合吸收剂吸收二氧化硫的性能对腐植酸钠脱硫技术的进一步发展和应用具有重要的理论价值和现实意义。本书按照资源化的目标,对腐植酸钠复合吸收剂吸收二氧化硫进行相关研究,介绍腐植酸钠复合吸收剂吸收二氧化硫的机理,为其今后的工业化应用提供理论基础。

目　录

第 1 章

绪 论

1.1 引言

二氧化硫作为一种无色、不可燃性气体,虽然不是温室气体,但却是当今人类面临的主要大气污染物之一。它具有强烈的刺激性气味,遇水会形成具有一定腐蚀性的亚硫酸。二氧化硫污染源一般分为两大类,即天然污染源和人为污染源。天然污染源由于分布面积广、容易被稀释和净化、总量较少,因此对环境污染危害不大;而人为污染源由于分布比较集中、浓度较高、总量较大,因此容易对环境造成严重危害。这两种污染源的特点如表 1.1 所示。

表 1.1　二氧化硫污染源的特点

二氧化硫污染源	发生源	特性
天然污染源	海洋硫酸盐; 缺少氧化的水及土壤释放的硫酸盐; 火山爆发、森林失火	全球性分布,在大气中易被稀释; 一般不会产生酸雨; 危害较小
人为污染源	化石燃料燃烧; 金属冶炼; 石油生产	集中分布在城市和工业区; 会产生酸雨; 可以人为控制

通常二氧化硫的污染属于低浓度、长期性污染，它的存在对自然环境、生态环境、人类健康、建筑物及设备材料等有一定程度的危害。二氧化硫给自然环境带来的最严重的问题是酸雨，这也是全球性问题。酸雨对环境的危害最为突出的表现是使湖泊、沼泽等变为酸性，导致水生动植物死亡。二氧化硫对植物的危害主要是通过叶面气孔进入植物体，如果其浓度和持续时间超过叶面本体的自解机能，就会破坏植物的正常生理机能，使其生长变得缓慢，对病虫害的抵御能力降低，严重时会枯死。酸雨对生态系统的影响及破坏主要表现在使土壤酸化和贫瘠化，从而导致农作物及森林生长减缓。二氧化硫对人类健康的影响则主要是通过呼吸道进入人体，与呼吸器官作用，引起或加重呼吸系统的疾病。如果二氧化硫在空中被飘尘吸附，二氧化硫和飘尘的协同效应使其对人体的危害更大。此外，酸雨还加速了许多用于建筑结构、公路桥梁、水库坝体、工业设备、供热及供水管网、露天储罐、水力发电机组、动力及通信设备等的材料的腐蚀，对古迹、历史建筑、雕刻等重要文物设施造成严重损害。

我国目前的二氧化硫污染主要是人为污染，并且主要与能源消耗有关，但是由于经济发展离不开能源的支持，因此随着我国经济的快速发展，二氧化硫的排放形势必然会十分严峻。我国作为一个能源生产和消费大国，一次能源消费总量仅次于美国，居世界第二位，但人均消费量还不到全世界人均消费量的一半，不足美国人均消费量的 1/10。目前，我国能源短缺仍然是制约经济发展的重要因素。改革开放以来，我国的电力工业持续、稳定发展，而电力行业是耗煤大户，火电的发电量保持在 80% 左右。在火电机组的燃料中煤炭占 95%，油气只占 5% 左右。煤炭是一种低品位的化石能源，我国煤炭中灰分、硫分含量高，大部分煤的灰分含量为 25%～28%,硫分的含量变化范围较大,从 0.1% 到 10% 不等,除长焰煤、气煤和不黏结煤外,我国多种煤种的平均含硫量均超过 1%,大量的燃煤和煤中较高的含硫量造成大量的二氧化硫排放。正是由于我国具有这种以煤为主的一次能源构成,以及煤的发热量低、含硫量高的特点,导致我国的二氧化硫污染始终十分严重。《中国环境状况公报》表明,1990 年以来我国大中城市大气污染较重,小城镇大气污染也有加重的趋势,我国二氧化硫排放量于 1995 年达到 2 370 万吨,超过欧美国家成为二氧化硫排放的第一大国,进入 21 世纪后连续多年年排放量达到 2 000 万吨。我国对此采取了一系列有效的控制排放措施,目前已取得了一定的成效,于 2006 年达到历史极值 2 500 余万吨后,2007 年以来开始逐年减少,但二氧化硫的排放量仍巨大,污染形势仍十分严峻。近几年,虽然我国政府环保部门加大污染减排的工作力度,采取更加有力的控制措施,使二氧化硫的排放总量得到相对有效的控制,但排放量依然有 300 万吨左右。近年来,减污降碳成效显著,为生态文明建设夯实基础根基。可再生能源既不排放污染物,也不排放温室气体,是天然的绿色能源。2020 年,我国可再生能源开发利用规模达到 6.8 亿吨标准煤,减少二氧化碳、二氧化硫、氮氧化物排放量分别约达 17.9 亿吨、86.4 万吨与 79.8 万吨,为打好大气污染防治攻坚战提供了坚强保障。2002—2020 年我国二氧化硫排放情况如图 1.1 所示。

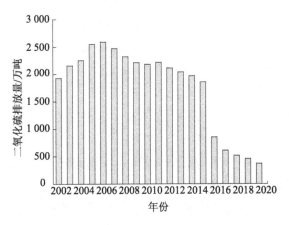

图 1.1　2002—2020 年我国二氧化硫排放情况

1.2　二氧化硫控制研究现状

1.2.1　我国二氧化硫排放标准

环境标准是用来控制污染和保护环境的有效手段。自 20世纪 70 年代初美国与日本率先实施二氧化硫排放控制政策以来,其他国家也相继制订了控制二氧化硫的计划与排放标准。通过制定严格的二氧化硫排放标准和中长期控制战略,可以加快控制二氧化硫的步伐,并且能促进有关二氧化硫控制技术的发展。为了控制大气污染和保护人类健康,我国也制定了有关环境空气质量标准和大气污染物的排放标准,国家大气污染物排放标准体系已经基本形成。在这个体系中,按照综合性排放标准与行业标准不交叉执行的原则,锅炉执行《锅炉大气污染物排放标准》(GB 13271—2014),工业窑炉执行《工业炉窑大气污染物排放标准》(GB 9078—1996),火电厂执行《火电厂大气污染物排放标准》(GB 13223—2011),炼焦炉执行《炼焦化学工业污染物排放标准》(GB 16171—2012),水泥工业执行《水泥工业大气污染物排放标准》(GB 4915—2013),无机化学工业执行《无机

化学工业污染物排放标准》(GB 31573—2015),煤炭工业执行
《煤炭工业污染物排放标准》(GB 20426—2006)等。《大气污染
物综合排放标准》(GB 16297—1996)为综合型标准,于 1997 年
实施,已经执行了 24 年,限值较宽,其中二氧化硫限值最高可达
1 200 mg/m³。其中,《火电厂大气污染物排放标准》(GB
13223—2011)首次发布于 1991 年,1996 年和 2003 年两次进行
修订,针对不同时期的火电厂建设项目规定了二氧化硫及氮氧
化物的排放控制要求;2011 年再次进行修订,对火电厂建设项目
的二氧化硫及氮氧化物的排放控制要求进行调整,规定了现有
的火电锅炉达到更加严格的排放浓度限值的时限,取消了全厂
二氧化硫最高允许排放速率的规定,增设了燃气锅炉大气污染
物排放浓度限值、大气污染物特别排放限值。通过几次修订,火
电厂燃煤锅炉的二氧化硫的排放限值一降再降,从最大
400 mg/m³ 降到 2014 年 7 月 1 日起实施的 100 mg/m³,排放要
求越来越严格,究其原因主要是我国目前面临严重的环境问题,
国外削减二氧化硫和氮氧化物排放量是在污染源排放达标和环
境空气质量达标的基础上进行的,而我国的二氧化硫排放控制
仍处于初始阶段,污染源排放不达标,因此必须采取较为严格的
标准才能达到我国的控制目标,从而改善我国面临的严峻的环
境问题。严格的标准还需要可行的脱硫技术予以保证,因此对
脱硫技术的研究开发就显得尤为重要。

1.2.2　二氧化硫控制对策及方法

　　为了配合我国计划施行的二氧化硫排放标准和控制由二氧
化硫排放带来的环境污染,我国从 20 世纪 70 年代就开始进行
酸雨监测,并且于 90 年代初对燃煤烟气脱硫技术和设备进行了
攻关研究。国家在采用技术控制工业源二氧化硫排放的同时,
还通过修订法律法规等法律手段和排污收费及交易等环境经济

手段来进一步规范大气污染防治技术与控制措施。《中华人民共和国大气污染防治法》就规定了多项大气污染防治法律制度和措施(如污染物排放总量控制措施),并规定我国二氧化硫控制战略从浓度控制逐步转向总量控制等。原国家环境保护部于 2013 年 2 月提出采取严格的大气环境管理措施,在 19 个省(区、市)47 个地级以上城市的火电、钢铁、石化、水泥、有色、化工六大重污染行业及燃煤工业锅炉的新建项目中实施大气污染物特别排放限值,严格控制大气污染物新增量,促使产业结构升级和企业技术进步,从而推动大气环境质量不断改善,其中 47 个城市的主城区范围内,现有项目中的火电行业燃煤机组从 2014 年 7 月 1 日起执行特别排放限值,钢铁行业烧结(球团)设备机头从 2015 年 1 月 1 日起执行特别排放限值,石化行业、燃煤工业锅炉项目待相应的排放标准修订完善并明确特别排放限值后执行。

目前,国内外二氧化硫的控制方法主要有采用低硫燃料和清洁能源替代燃料、燃料脱硫、燃烧过程中脱硫和末端尾气脱硫,也就是分为燃料燃烧前脱硫、燃烧中脱硫和燃烧后烟气脱硫技术。

1. 燃料燃烧前脱硫技术

燃料燃烧前脱硫技术主要分物理法、化学法和微生物法。

目前,世界上应用广泛的物理方法有摇床法、重力分选法、旋流器法、浮选法、高梯度磁选法和微波辐射法,其中摇床法、重力分选法和旋流器法是利用煤中矿物质与有机质的密度不同,对粒径大于 0.5 mm 的煤粒进行分选脱硫;浮选法是利用煤和黄铁矿的亲水性等表面性质的差异进行分选脱硫;高梯度磁选法是利用煤和黄铁矿在磁化率上的差异进行分选,从而达到脱硫的目的;微波辐射法是在微波电磁场的作用下,使煤中各种形态的硫吸收微波后与浸提剂发生化学反应,通过洗涤将生成的可溶硫化物从煤中去除。

化学法脱硫主要分为碱法脱硫、气体脱硫、热解与氢化法脱硫等,其中碱法脱硫就是在煤中加入氢氧化钾或氢氧化钠等强碱,在一定温度条件下使煤中的硫转化为含硫化合物,这种方法基本可以脱除全部的黄铁矿硫和 70% 的有机硫;气体脱硫则是用能与煤中黄铁矿硫或有机硫反应的气体在高温下处理煤,使之生成具有挥发性的含硫气体而脱除硫;热解与氢化法脱硫则是通过炭化、酸浸提和氢化三个步骤后将煤中的硫转化为可溶的硫化氢钙,然后洗涤脱除硫。

微生物法利用微生物的作用将煤中的无机硫氧化溶解后脱除,其原理是在微生物的作用下黄铁矿表面发生氧化反应生成硫酸根和 Fe^{2+},然后 Fe^{2+} 被氧化成 Fe^{3+},Fe^{3+} 再与黄铁矿反应被还原为 Fe^{2+},同时生成单质硫,单质硫被微生物氧化成硫酸而脱除。

燃料燃烧前脱硫技术主要是通过减少燃料中的硫含量使烟气中的二氧化硫减少,但通常成本较高、方法复杂,在一定程度上限制了其推广和应用。

2. 燃料燃烧过程中的脱硫技术

所谓燃烧中脱硫就是在煤的燃烧过程中加入石灰石(或白云石),使其受热分解为氧化钙(或氧化镁),然后与燃煤烟气中的二氧化硫反应,生成的硫酸盐随灰分排除,从而达到降低烟气中二氧化硫含量的目的。目前较为先进的燃烧中脱硫技术主要有型煤固硫技术和循环流化床燃烧脱硫技术两类。

型煤固硫技术就是将不同的原料经筛分后按一定的比例配煤,粉碎后加入其他黏结剂和固硫剂,用机械设备挤压成型干燥后使用。常用的固硫剂有石灰石粉、大理石粉、电石渣、碱性纸浆黑液和钙渣等。型煤固硫技术虽然可以在一定程度上起到减少烟气中的二氧化硫的作用,但是由于型煤煤质的锅炉炉型适用性差,使用型煤后型煤着火滞后会对锅炉的出力造成一定的影响,严重时还会造成停炉熄火事故,因此多处于试验研究阶段。

循环流化床燃烧脱硫技术是利用循环流化床锅炉燃料煤种适应性宽的特点,将石灰石等廉价的脱硫剂粉碎成与煤同样的细度,与煤在炉中一起燃烧,石灰石受热分解生成的氧化钙与烟气中的二氧化硫反应生成硫酸盐,从而达到脱硫的目的。循环流化床燃烧脱硫技术一般适用于 300 MW 以下的亚临界 CFB 锅炉的烟气脱硫,但 600 MW 以上的超临界 CFB 锅炉也已经成功实施。

3. 燃料燃烧后烟气脱硫技术

燃料燃烧后烟气脱硫(flue gas desulfurization,FGD)是从燃料燃烧后排出的烟中去除二氧化硫的方法,简称烟气脱硫。

(1)按与吸收剂结合后是否可回收分类

FGD 技术是目前世界上唯一大规模商业化应用的脱硫技术,按与吸收剂结合后是否可回收,一般分为回收法和抛弃法两大类。回收法是指吸收剂吸收或吸附二氧化硫,使其再生或循环利用,烟气中的二氧化硫被回收,转化成可以出售的副产品如硫黄、硫酸或浓二氧化硫气体;抛弃法是指吸收剂与二氧化硫结合,形成废渣,没有再生步骤,废渣最终被综合利用或填埋处理,如钙法脱硫技术。

(2)按吸收剂的形态和处理过程分类

按使用的吸收剂或吸附剂的形态和处理过程,烟气脱硫分为干法烟气脱硫、半干法烟气脱硫和湿法烟气脱硫。

① 干法烟气脱硫。干法烟气脱硫是在无液相介入的完全干

燥的状态下进行的反应,反应产物为干粉状,不存在腐蚀和结露等问题。干法烟气脱硫技术主要包括高能电子活化氧化法、石灰粉吹入法、活性炭吸附法、流化床氧化铜法等。

高能电子活化氧化法是利用高能电子使烟气中的水分子及氧气分子被激活、电离,甚至裂解产生大量的离子和自由基等活性物质,通过这些自由基的强氧化作用使二氧化硫、一氧化氮被氧化,在通入氨气的情况下生产硫酸铵和硝酸铵化肥,通常使用的高能电子来源于电子束或脉冲电晕。

石灰粉吹入法就是将吸收剂石灰干粉以高速通过高压静电电晕充电区,使干粉带上相同的负电荷后喷射到烟气流中,干粉因带有同种电荷而相互排斥,在烟气中形成均匀的悬浊状态,与烟气中的二氧化硫反应,该技术是美国 Alanco 环境公司开发的专利技术。

活性炭吸附法是利用活性炭的吸附性能吸附净化烟气中二氧化硫的方法,当烟气中有氧和水蒸气存在时,用活性炭吸附二氧化硫不仅存在物理吸附,还存在化学吸附。由于活性炭表面具有催化作用,烟气中的二氧化硫吸附在活性炭的表面上被氧气氧化为三氧化硫,三氧化硫再与水蒸气反应生成硫酸,而活性炭吸附的硫酸可通过水洗出或者加热放出二氧化硫,从而使活性炭获得再生,其过程如图 1.2 所示,此外活性焦也有类似的作用。

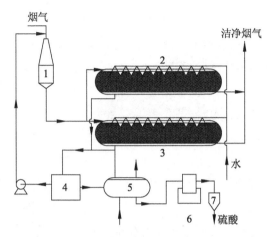

1—洗涤器；2—喷淋器；3—吸附床；4—循环槽；
5—浸没燃烧器；6—冷却器；7—过滤器

图 1.2 活性炭吸附法烟气脱硫工艺流程图

② 半干法烟气脱硫。半干法烟气脱硫技术是利用烟气的热量蒸发脱硫剂浆液中的水分,在干燥的过程中脱硫剂与烟气中的二氧化硫反应生成硫酸盐等产物,最终产物为干粉状,其中应用最广的是旋转喷雾干燥法,其次是气体悬浮吸收烟气脱硫法。

旋转喷雾干燥法是以氧化钙含量较高的石灰为脱硫剂,将石灰仓内储存的粉状石灰经螺旋输送机送入消化槽消化后制成高浓度石灰浆,在配浆槽内用水将浓浆稀释到所需浓度(一般石灰的质量分数为 20% 左右),然后吸收剂浆液在离心喷雾器的离心力作用下喷射成均匀的雾状分散微粒(微粒直径小于 50 μm);微粒与烟气接触后,与烟气中的二氧化硫发生强烈的热交换和化学反应,迅速将大部分水蒸发掉,形成含水量较少的固体产物,该产物通常是亚硫酸钙、硫酸钙、飞灰和未反应氧化钙的混合物,该工艺是一种气-液与气-固的脱硫反应过程,典型的工艺流程如图 1.3 所示。

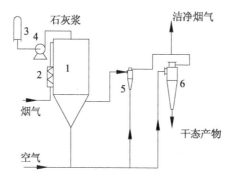

1—喷雾吸收塔；2—换热器；3—石灰分配器；
4—泵；5—除尘器；6—旋风分离器

图 1.3 旋转喷雾干燥法烟气脱硫工艺流程图

气体悬浮吸收烟气脱硫法与循环流化床烟气脱硫工艺的思路相近，是一种以石灰石为吸收剂的半干法脱硫技术，它的工艺特点是在吸收塔出口处安装旋风分离器进行预除尘，生石灰经消化后制成石灰浆液喷入吸收塔，烟气与雾化的石灰浆液充分接触以脱除二氧化硫。该工艺的关键之处是大量覆盖着新鲜石灰浆液的干灰的再循环，其传热、传质特性都优于传统的半干法工艺。美国 Airpol 与 TVA 合作开发的气体悬浮吸收烟气脱硫法工艺流程见图 1.4。

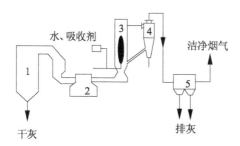

1—锅炉；2—预热器；3—吸收室；4—旋风分离器；5—除尘器

图 1.4 气体悬浮吸收烟气脱硫法工艺流程图

③ 湿法烟气脱硫。湿法烟气脱硫技术按照所使用吸收剂的不同一般可分为石灰石-石膏法、双碱法、氧化镁法、氨吸收法、海水法、柠檬酸盐法等。

石灰石-石膏法脱硫是将石灰石粉加水制成浆液,作为吸收剂泵入吸收塔,与烟气充分接触混合,浆液中的碳酸钙与烟气中的二氧化硫反应生成亚硫酸钙,然后被从塔下部鼓入的空气氧化成硫酸钙,硫酸钙达到一定饱和度后,结晶形成二水石膏;吸收塔排出的石膏浆液经浓缩、脱水,含水量小于 10%,脱硫后的烟气经过除雾器除去雾滴后由烟囱排入大气。吸收塔内的吸收剂浆液通过循环泵反复循环与烟气接触,吸收剂的利用率很高,钙硫比较低,脱硫效率可大于 95%。

双碱法脱硫是先利用氢氧化钠或碳酸钠的水溶液吸收二氧化硫,然后在另一反应器中用石灰石或石膏将吸收二氧化硫后的溶液再生,再生后的吸收液循环使用,最终产物以亚硫酸钙和石膏的形式析出。双碱法的缺点是亚硫酸钠被氧化为硫酸钠后较难再生,需不断补充氢氧化钠或碳酸钠。

氧化镁法脱硫是用氧化镁的浆液吸收烟气中的二氧化硫,得到含结晶水的亚硫酸镁和硫酸镁的固体吸收产物,经脱水干燥及煅烧还原后,再生出氧化镁,循环脱硫的同时得到高浓度的二氧化硫气体。

氨吸收法脱硫的典型工艺是氨-酸法,即用低浓度的氨水或液氨作为吸收剂,在吸收塔中与烟气中的二氧化硫逆向接触后生成亚硫酸铵与硫酸氢铵,在浆液槽内被强制氧化空气氧化成硫酸铵,经脱水干燥后得到副产品硫酸铵。

海水法脱硫是利用海水的天然碱性中和二氧化硫,其工艺过程除了不需要溶解任何固体外,基本类似于石灰石强制氧化工艺过程。海水的碱性能够中和大量的二氧化硫,海水在吸收塔中逆流与烟气紧密接触,以吸收其中的二氧化硫生成亚硫酸盐,在水力旋流器中亚硫酸盐被氧化成硫酸盐后直接排入海水中,无任何废物需处理。由于脱硫后废液直接排入海中,因此在利用海水对二氧化硫进行吸收时,需要根据当地条件评估可行性,评估内容包括污水稀释和分散的计算,以及废水的比较数据与当地海水质量标准,描述当地的海洋环境来评估可能产生的影响。

柠檬酸盐法脱硫是 20 世纪 70 年代由挪威和瑞典化学家提出的,该法可从二氧化硫体积分数为 $0.3\% \sim 7\%$ 的烟气中除去 90% 以上的二氧化硫,吸收液用蒸汽加热再生,产出 90% 左右的高浓度二氧化硫气体;同时由于柠檬酸钠无毒、无异味,不易燃烧,生产操作安全,吸收液在生产中可循环使用,无"三废"排放。

湿法烟气脱硫技术具有反应速度快、脱硫效率高、吸收剂利用率高、生产运行稳定及技术成熟的优点,在众多脱硫技术中占主导地位,它适用于煤含硫量较高的电厂,但湿法烟气脱硫存在初期投资大、系统复杂、占地面积大、能耗高、耗水量大、设备腐蚀严重及废水难以处理等缺陷。湿法烟气脱硫技术仍然是目前最常用的脱硫技术,因此研究开发新型高效吸收剂已成为目前大气污染控制领域的研究热点和难点。

1.2.3 低浓度二氧化硫湿法吸收研究状况

一般将二氧化硫浓度低于 3% (体积分数)的烟气,称为低浓度二氧化硫烟气,低浓度二氧化硫烟气中绝大多数的二氧化硫的浓度为 $0.1\% \sim 0.5\%$。目前,大部分湿法烟气脱硫技术都是基于吸收剂对二氧化硫的吸收所运行的,因此有必要对吸收二氧化硫的研究现状进行全面了解。一般用于吸收二氧化硫的吸收剂主要有碱液、有机胺溶液、有机弱酸盐及功能性离子液体等。

碱液对烟气中的低浓度二氧化硫的吸收主要可以分为两

类：一类是采用吸收-解吸工艺富集二氧化硫后制取硫酸或液体二氧化硫；另一类是吸收后再转化为单质硫。用于吸收低浓度二氧化硫的碱液主要有氨水溶液、聚合硫酸铝溶液、亚硫酸钠溶液和硫化钠溶液等。

有机胺吸收二氧化硫是以聚胺化合物水溶液为吸收剂，吸收二氧化硫后再解吸获得高浓度二氧化硫的过程。其原理是溶解在水溶液中的二氧化硫发生可逆的水合和电离过程后生成 H^+ 与有机胺发生反应，促进二氧化硫在水溶液中进一步溶解，再采用蒸汽加热的方法再生吸收剂并回收高浓度二氧化硫。典型的有机胺吸收二氧化硫的过程主要分为四个步骤，即烟气的预分离、二氧化硫的吸收、二氧化硫的再生和胺液的净化。可以用作吸收二氧化硫的有机胺溶液主要有乙二胺、二乙烯三胺、三乙烯四胺等。

有机弱酸盐吸收二氧化硫是以有机弱酸盐水溶液为吸收剂，吸收二氧化硫后再解吸获得高浓度二氧化硫的过程。其原理是二氧化硫先溶解在水中形成 HSO_3^- 和 H^+，在水中加入有机弱酸盐后，有机弱酸盐与 H^+ 形成缓冲溶液，限制 pH 值的减小，从而增加二氧化硫的溶解度。用作吸收剂的有机弱酸盐主要有柠檬酸钠等。

功能性离子液体吸收二氧化硫是利用二氧化硫能够溶解在离子液体中的特性来实现二氧化硫的吸收和解吸，它是气体净化的新途径。目前，国内外用于吸收二氧化硫的离子液体主要有醇胺类离子液体、胍盐类离子液体、咪唑类离子液体和铵盐离子液体等。功能性离子液体在二氧化硫吸收的研究方面虽然尚处于实验阶段，但各种功能性离子液体却表现出在吸收二氧化硫方面的优势。

除此之外，部分学者还对二氧化硫及氮氧化物或二氧化碳等混合气体吸收进行了研究,例如以 NaClO$_2$ 和 NaClO 溶液为复合吸收剂在鼓泡反应器内对二氧化硫和氮氧化物进行吸收,该方法可以同时脱除二氧化硫和氮氧化物,脱硫、脱硝效率分别能达到 100％和 89.2％。

1.2.4　腐植酸应用研究状况

　　腐植酸是一种无定形的网状有机高分子物质,广泛存在于自然界的土壤、湖泊与河海中,它目前主要从风化煤、褐煤或泥炭中提取。腐植酸是亲油亲水两性分子,具有表面活性。腐植酸钠是腐植酸的钠盐,是乌黑晶亮的无定性颗粒,无毒、无臭、无腐蚀性,极易溶于水,由天然含腐植酸的优质低钙低镁风化煤经化学提炼而成,它继承了腐植酸的大部分优点,也是一种多功能有机高分子化合物,含有羟基、醌基、羧基等较多的活性基团,具有很大的内表面积,有较强的吸附、交换、络合和螯合能力。随着科学技术的进步,广大科技工作者经过不懈努力,制造出的腐植酸类物质的原材料在不断增多,腐植酸的相关应用也越来越多,诸如在农业、工业、医药卫生和环境保护等领域的研究与应用。腐植酸在农业领域的利用主要是作为肥料,如在腐植酸溶液中添入氮、磷、钾等常量元素并络合铜、铁、锌、锰等微量元素,制成腐植酸植物营养液,它具有对氮磷钾肥增效、刺激农作物生长、增加产量、改良土壤、改善植物果实品质等优点。腐植酸在工业上的应用则相对较为广泛,它可以作为蓄电池阴极膨胀剂、钻井液和黏结剂等。在医药卫生领域,腐植酸具有抗炎、活血和止血、抗菌和抗病毒、提高免疫力、促进微循环、防治疾病等作用。在环境保护领域,腐植酸可用作含重金属废水处理剂、有机污染物处理剂、放射性废物处理剂等,还可用于工业废气处理。国内外利用腐植酸处理废气的研究还较少,主要有如下研究:在20 世纪 80 年代,美国的 Green 等利用腐植酸混合烟灰吸收烟气中的二氧化硫。笔者的课题组也开展了利用腐植酸实现脱硫脱硝并获得复合肥的研究。腐植酸钠脱硫技术就是以腐植酸钠为吸收剂,吸收烟气中的二氧化硫并且获得复合肥,其脱硫效率可达99%以上,该法具有成本低、能耗小、无二次污染等优点,同时获得一种复合肥,实现以废治废、环境保护和资源化利用。

1.3　技术背景

目前,国内外比较成熟的脱硫技术主要是石灰石-石膏湿法及循环流化床半干法,但是随着烟气脱硫设备运行数量的不断增加和规模的不断扩大,以及国家节能环保和循环经济发展的要求与脱硫副产品产量日益增加,脱硫副产品的处理问题也日益变得突出,因此,理想的烟气脱硫技术应该是无废物产生、可再生循环利用、无二次污染。可回收硫资源的烟气脱硫技术成为当前研究的热点和主要方向。腐植酸钠烟气脱硫技术具有无废物产生且无二次污染的特点,其有可能成为替代石灰石-石膏湿法脱硫的新技术之一,具有广阔的应用范围和良好的发展前景。

经过国内外学者多年的研究和发展,腐植酸钠脱硫技术的可行性,以及脱硫副产物的资源化等还停留在实验室小试阶段。虽然学者们近些年做了很多该技术的验证工作,但还存在许多问题亟待解决:① 高效喷淋吸收塔的结构及喷嘴设计;② 吸收过程中的起泡问题;③ 脱硫产物的磺化技术;④ 二氧化硫富气的净化;⑤ 吸收设备及管路结垢问题等。因此,探索腐植酸钠复合吸收剂吸收二氧化硫的性能,对腐植酸钠脱硫技术的进一步发展和应用具有重要的理论价值和现实意义。

1.4 本书主要内容及技术路线

1.4.1 主要内容

本书按照资源化的目标对腐植酸钠复合吸收剂吸收二氧化硫进行相关研究,根据实验结果研究腐植酸钠复合吸收剂吸收二氧化硫的机理,为其今后的工业化应用提供理论基础。

本书的主要内容如下:

① 应用腐植酸钠氨水复合吸收剂吸收模拟烟气中的二氧化硫,研究在二氧化氮存在的条件下复合吸收剂吸收二氧化硫的反应机理与吸收产物(或称脱硫产物)。

② 考虑到腐植酸的种类来源较多,有针对性地使用污水厂剩余污泥提取了污泥腐植酸,并利用其进行吸收二氧化硫的相关研究,探索污泥的资源化利用。

③ 对使用腐植酸钠吸收剂吸收二氧化硫后的吸收产物——腐植酸进行磺化改性研究,以提高其活性,使其应用更为广泛。

④ 为了使腐植酸钠吸收二氧化硫的产物能得以磺化,使用[CPL][TBAB]离子液体作为相转移催化剂使腐植酸部分磺化,并且对腐植酸钠/[CPL][TBAB]复合吸收剂吸收二氧化硫的过程和机理进行研究。

⑤ 考虑到脱硫工艺中吸收剂通常需要循环使用,因此对腐植酸钠/[CPL][TBAB]复合吸收剂的循环使用情况进行研究。

1.4.2 技术路线

针对以上内容,笔者制定了本书的技术路线,如图 1.5 所示,以下各章将按照此路线进行介绍。

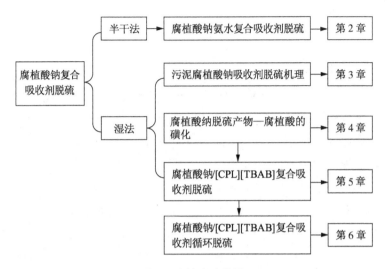

图 1.5　技术路线图

参考文献

[1] 蒋文举,宁平.大气污染控制工程[M].成都：四川大学出版社,2001.

[2] 张钟宪.环境与绿色化学[M].北京：清华大学出版社,2005.

[3] Smith S J, Aardenne J V, Klimont Z, et al. Anthropogenic sulfur dioxide emissions：1850—2005 [J]. Atmospheric Chemistry and Physics, 2011, 11（3）：1101 — 1116.

[4] 刘成武,史磊.身边的环保[M].北京：中国林业出版社,2004.

[5] 王永刚.双碱法用于旋转填充床脱除气体中二氧化硫的研究[D].北京：北京化工大学,2009.

[6] 向仁军,柴立元,张青梅,等.中国典型酸雨区大气湿沉降化学特性[J].中南大学学报(自然科学版),2012,43(1):38—45.

[7] Abbasi T,Poornima P,Kannadasan T,et al.Acid rain:past, present, and future [J]. International Journal of Environmental Engineering,2013,5(3):229—272.

[8] Schreurs M A. Beyond resource wars: scarcity, environmental degradation,and international cooperation [M]. Cambridge, Mass: MTI Press,2011.

[9] Fan Y, Hu Z, Zhang Y, et al. Deterioration of compressive property of concrete under simulated acid rain environment [J].Construction and Building Materials,2010,24(10):1975—1983.

[10] 孙晓萍,张军.发挥绿色植物减少污染和粉尘的作用[J].浙江园林,2016(2):43—47.

[11] 王小婧,贾黎明.森林保健资源研究进展[J].中国农学通报,2010,26(12):73—80.

[12] Luan X Q,Dong Y C. A study on impact of air pollution upon public physical fitness [J].Advanced Materials Research,2013, 610—613:665—668.

[13] Lin C,Chen S J,He W,et al.Effect of acid rain on corrosion behavior of mild steel [J].Journal of Iron and Steel Research,2011,23(6):739—741.

[14] Brimblecombe P,Grossi C M,Harrism I. Climate change critical to cultural heritage[M]//Gökcekus H,Turker U,W. LaM J. Survival and sustainability. Berlin: Springer,2011,195—205.

［15］Fuente D，Vega J，Viejo F，et al.City scale assessment model for air pollution effects on the cultural heritage ［J］. Atmospheric Environment，2011，45(6)：1242－1250.

［16］Corvo F，Reyes J，Valdes C，et al. Influence of air pollution and humidity on limestone materials degradation in historical buildings located in cities under tropical coastal climates ［J］.Water，Air，and Soil Pollution，2010，205(1－4)：359－375.

［17］高庆先，师华定，张时煌，等.空气污染对气候变化的影响与反馈研究［J］.资源科学，2012，34(8)：1383－1391.

［18］赵进文，范继涛.经济增长与能源消费内在依从关系的实证研究［J］.经济研究，2007，42(8)：31－42.

［19］李文华，翟炯.中国动力煤的灰分硫分和发热量［J］.煤炭转化，1994，17(1)：12－25.

［20］中华人民共和国环境保护部.中国环境状况公报［EB/OL］.(2010－05－31).https：//www.mee.gov.cn/hjzl/sthjzk/zghjzkgb/201605/P020160526561125391815.pdf.

［21］Li W. Research on effect evaluation of flue gas desulfurization transformation for coal-fired power plants ［J］. Economic Management Journal，2013，2(3)：93－98.

［22］王昊天.谁为雾霾埋单［J］.新理财，2013(2)：22.

［23］Franco A，Diaz A R.The future challenges for "clean coal technologies"：joining efficiency increase and pollutant emission control ［J］.Energy，2009，34(3)：348－354.

［24］Brown M A，Levine M D，Short W，et al.Scenarios for a clean energy future ［J］.Energy Policy，2001，29(14)：1179－1196.

[25] Fang S L, Huang S Y, Wen W Q, et al. Numerical simulation research for the optimization of the wet flue gas desulfurization tower [J]. Applied Mechanics and Materials, 2012,170—173: 3662—3667.

[26] Cui G W, Sun M Y, Guo Q K, et al. A brief analysis of coal desulfurization before combustion [J]. Advanced Materials Research, 2012, 512—515: 2477—2481.

[27] Murakami T, Kurita N, Naruse I. Theoretical study on desulfurization characteristics in a fluidized bed combustor [J]. Journal of High Temperature Society, 2011, 36: 41—46.

[28] Srivastava R K, Jozewicz W. Flue gas desulfurization: the state of the art [J]. Journal of the Air & Waste Management Association, 2001, 51(12): 1676—1688.

[29] Liu Y A. Physical cleaning of coal: present and developing methods [M]. New York: Marcel Dekker, Inc., 1982.

[30] Wheelock T D. Coal desulfurization: chemical and physical methods [C]//American Chemical Society, The 173rd meeting of the American Chemical Society, March 23, 1977, Washington, D.C.

[31] Eligwe C A. Microbial desulphurization of coal [J]. Fuel, 1988, 67(4): 451—458.

[32] Demirbas A, Balat M. Coal desulfurization via different methods [J]. Energy Sources, 2004, 26(6): 541—550.

[33] Isbiste J D. Acinetobacter species and its use in removing organic sulfur compounds: US, 061893231 [P]. 1989—02—28.

［34］Honaker R，Singh N，Govindarajan B.Application of dense-medium in an enhanced gravity separator for fine coal cleaning ［J］.Minerals Engineering,2000,13(4)：415－427.

［35］Rubiera F，Hall S T，Shah C L.Sulfur removal by fine coal cleaning processes ［J］.Fuel,1997,76(13)：1187－1194.

［36］Demirbaş A.Demineralization and desulfurization of coals via column froth flotation and different methods ［J］. Energy Conversion and Management,2002,43(7)：885－895.

［37］Aplan F. Use of the flotation process for desulfurization of coal ［M］.Washingtom，DC：Ads,1977.

［38］Maxwell E，Kelland D. High gradient magnetic separation in coal desulfurization ［J］. IEEE Transactions on Magnetics,1978,14(5)：482－487.

［39］Uslu T，Atalay Ü. Microwave heating of coal for enhanced magnetic removal of pyrite ［J］. Fuel Processing Technology,2004,85(1)：21－29.

［40］Abdollahy M，Moghaddam A，Rami K.Desulfurization of mezino coal using combination of 'flotation' and 'leaching with potassium hydroxide/methanol' ［J］.Fuel,2006,85(7－8)：1117－1124.

［41］Mukherjee S，Borthakur P.Chemical demineralization/ desulphurization of high sulphur coal using sodium hydroxide and acid solutions ［J］.Fuel,2001,80(14)：2037－2040.

［42］Cheng J，Zhou J，Liu J，et al.Sulfur removal at high temperature during coal combustion in furnaces：a review ［J］. Progress in Energy and Combustion Science，2003，29（5）：381－405.

[43] Sugawara K, Tozuka Y, Sugawara T, et al. Effect of heating rate and temperature on pyrolysis desulfurization of a bituminous coal [J]. Fuel Processing Technology, 1994, 37(1): 73—85.

[44] Kim D J, Gahan C S, Akilan C, et al. Microbial desulfurization of three different coals from Indonesia, China and Korea in varying growth medium [J]. Korean Journal of Chemical Engineering, 2013, 30(3): 680—687.

[45] 李春桃, 徐兵, 梁玉祥. 复合型煤粘结剂的成型及固硫效果研究[J]. 洁净煤技术, 2010, 16(2): 72—75.

[46] Li S, Fang M, Yu B, et al. In desulfurization characteristics of fly ash recirculation and combustion in the circulating fluidized bed boiler [C]//Proceedings of the 20th International Conference on Fluidized Bed Combustion. Springer, 2010: 941—946.

[47] 汤龙华, 岳林海, 吴晓蓉, 等. 纳米 $CaCO_3$ 作固硫剂的基础研究[J]. 工程热物理学报, 2000, 21(6): 764—768.

[48] 徐承焱, 孙体昌, 莫晓兰, 等. 我国黏土矿物尾矿的现状及利用途径[J]. 中国矿业, 2009, 18(6): 86—89.

[49] 赵晓英, 陈曙光. 电石渣固硫性能的研究[J]. 污染防治技术, 1999, 12(3): 152—153.

[50] 兰泽全, 曹欣玉, 周俊虎, 等. 黑液水煤浆燃烧固硫特性及机理[J]. 化工学报, 2008, 59(2): 484—489.

[51] 杨剑锋, 刘豪, 谢骏林, 等. 煤洁净燃烧高效钙基复合固硫剂的研究进展[J]. 煤炭转化, 2003, 26(4): 10—15.

[52] 陆轶青. 我国重工业企业烟气脱硫技术及存在的问题[J]. 环境工程, 2011, 29(1): 80—82.

[53] Hudson J L, Rochelle G T. Flue gas desulfurization [M]. Washington, DC: [s.n.], 1982.

[54] Kikkinides E, Yang R T. Gas separation and purification by polymeric adsorbents: flue gas desulfurization and sulfur dioxide recovery with styrenic polymers [J]. Industrial & Engineering Chemistry Research, 1993, 32(10): 2365—2372.

[55] Ukawa N, Takashina T, Oshima M, et al. Effects of salts on limestone dissolution rate in wet limestone flue gas desulfurization [J]. Environmental Progress, 1993, 12(4): 294—299.

[56] Stehouwer R, Sutton P, Fowler R, et al. Minespoil amendment with dry flue gas desulfurization by-products: element solubility and mobility [J]. Journal of Environmental Quality, 1995, 24(1): 165—174.

[57] Xu G, Guo Q, Kaneko T, et al. A new semi-dry desulfurization process using a powder-particle spouted bed [J]. Advances in Environmental Research, 2000, 4(1): 9—18.

[58] Gutiérrez Ortiz F, Vidal F, Ollero P, et al. Pilot-plant technical assessment of wet flue gas desulfurization using limestone [J]. Industrial & Engineering Chemistry Research, 2006, 45(4): 1466—1477.

[59] Li R, Yan K, Miao J, et al. Heterogeneous reactions in non-thermal plasma flue gas desulfurization [J]. Chemical Engineering Science, 1998, 53(8): 1529—1540.

[60] Mizuno A, Clements J S, Davis R H. A method for the removal of sulfur dioxide from exhaust gas utilizing pulsed

streamer corona for electron energization [J]. IEEE Transactions on Industry Applications,1986,IA-22(3): 516 — 522.

[61] Licki J,Chmielewski A,Iller E,et al.Electron-beam flue-gas treatment for multicomponent air-pollution control [J].Applied Energy,2003,75(3): 145 — 154.

[62] Jozewicz W, Jorgensen C, Chang J C, et al. Development and pilot plant evaluation of silica-enhanced lime sorbents for dry flue gas desulfurization [J].Journal of Air & Waste Management Association,1988,38(6): 796 — 805.

[63] Davini P. Flue gas desulphurization by activated carbon fibers obtained from polyacrylonitrile by-product [J]. Carbon,2003,41(2): 277 — 284.

[64] Pennline H W,Hoffman J S.Flue gas cleanup using the moving-bed copper oxide process [J]. Fuel Processing Technology,2013,114: 109 — 117.

[65] Yu J L,Song C L,Yin F K,et al.A review on research of carbonaceous and carbon-supported sorbents for flue gas desulfurization [J]. Applied Mechanics and Materials,2013, 295 — 298: 1497 — 1501.

[66] Tsuji K, Shiraishi I. Combined desulfurization, denitrification and reduction of air toxics using activated coke: 1.activity of activated coke [J].Fuel,1997,76(6): 549 — 553.

[67] 金文海,施凤蛙.旋转喷雾干燥法烟气脱硫工艺优化及烟气实测分析[J].三峡环境与生态,2011,33(5): 34 — 37.

[68] 袁莉莉.半干法烟气脱硫技术研究进展[J].山东化工,2009,38(8): 23 — 25.

[69] Kallinikos L，Farsari E，Spartinos D，et al．Simulation of the operation of an industrial wet flue gas desulfurization system [J]．Fuel Processing Technology，2010，91(12)：1794－1802．

[70] Shi Y X，Pan W H，Liu J P. The design and development of a mass balance calculation software for sodium-calcium dual-alkali scrubbing flue gas desulfurization [J]. Applied Mechanics and Materials，2012，155－156：27－31．

[71] Chen H，Ge H，Dou B，et al. Thermogravimetric kinetics of $MgSO_3 \cdot 6H_2O$ byproduct from magnesia wet flue gas desulfurization [J]．Energy & Fuels，2009，23(5)：2552－2556．

[72] Liu H G，Peng J，Ye S C，et al. Experimental study on flue gas desulphurization system of wet falling-film tower by ammonia method [J]. Environmental Science & Technology，2011，64(2)：178－181．

[73] Lan T，Zhang X，Yu Q. Study on the relationship between absorbed S(Ⅳ) and pH in the seawater flue gas desulfurization process [J]．Industrial & Engineering Chemistry Research，2012，51(12)：4478－4484．

[74] Guo R T，Pan W G，Zhang X B，et al．Dissolution rate of limestone for wet flue gas desulfurization in the presence of citric acid [C]//ASME 2011 Power Conference collocated with JSME ICOPE 2011.Denver，Colorado，USA，2011．

[75] Marchant W N，May S，Simpson W，et al．Analytical chemistry of the citrate process for flue gas desulfurization [R].Salt Lake City：USA Bureau of Mines，1980．

[76] Johnstone H.Recoverry of sulfur dioxide from waste gases equilibrium partial vapor pressures over solutions of the ammonia-sulfur dioxide-water system [J]. Industrial & Engineering Chemistry,1935,27(5):587—593.

[77] 尹爱君,刘肇华,张宁.聚铝处理低浓度 SO_2 烟气的研究[J].中南工业大学学报(自然科学版),1999,30(3):260—262.

[78] Hikita H,Asai S,Tsuji T. Absorption of sulfur dioxide into aqueous sodium hydroxide and sodium sulfite solutions [J].AIChE Journal,1977,23(4):538—544.

[79] Helfritch D J. Process for removing SO_2 and fly ash from flue gas:US, 4960445[P].1990—10—2.

[80] 王智友,陈雯,耿家锐.有机胺烟气脱硫现状[J].云南冶金,2009,38(1):39—42.

[81] 李喜玉.可再生胺法烟道气脱硫吸收解吸一体化 [D].广州:华南理工大学,2011.

[82] 郑争志,李钰,王琪,等.二乙烯三胺-柠檬酸溶液吸收 SO_2 过程[J].化学反应工程与工艺,2010,26(2):167—172.

[83] 薛娟琴,官欣,王永亮,等.有机胺溶液吸收 SO_2 的研究[J].有色金属(冶炼部分),2009(6):10—13.

[84] Jiang X,Liu Y,Gu M.Absorption of sulphur dioxide with sodium citrate buffer solution in a rotating packed bed [J].Chinese Journal of Chemical Engineering,2011,19(4):687—692.

[85] Wu W,Han B,Gao H,et al.Desulfurization of flue gas:SO_2 absorption by an ionic liquid [J].Angewandte Chemie International Edition,2004,43(18):2415—2417.

[86] Yuan X L,Zhang S J,Lu X M.Hydroxyl ammonium ionic liquids: synthesis,properties,and solubility of SO_2 [J]. Journal of Chemical & Engineering Data,2007,52(2): 596－599.

[87] Lee K Y,Gong G T,Song K H,et al.Use of ionic liquids as absorbents to separate SO_2 in SO_2/O_2 in thermochemical processes to produce hydrogen [J]. International Journal of Hydrogen Energy, 2008, 33 (21): 6031－6036.

[88] Guo B,Duan E,Ren A,et al.Solubility of SO_2 in caprolactam tetrabutyl ammonium bromide ionic liquids [J]. Journal of Chemical & Engineering Data,2009,55(3): 1398－1401.

[89] Zhao Y,Han Y,Chen C.Simultaneous removal of SO_2 and NO from flue gas using multicomposite active absorben [J]. Industrial & Engineering Chemistry Research, 2011, 51 (1): 480－486.

[90] Sutton R,Sposito G.Molecular structure in soil humic substances: the new view [J]. Environmental Science & Technology,2005,39(23): 9009－9015.

[91] Francioso O, Ciavatta C, Montecchio D, et al. Quantitative estimation of peat,brown coal and lignite humic acids using chemical parameters,H-1-NMR and DTA analyses [J].Bioresource Technology,2003,88(3): 189－195.

[92] 张常书.腐植酸植物保健营养液的开发研究[C]//2010中国腐植酸行业低碳经济交流大会暨第九届全国绿色环保肥料（农药）新技术、产品交流会论文集,北京,2010.

［93］武亚聪.腐植酸分子设计及电化学行为研究［D］.临汾：山西师范大学,2012.

［94］刘丹丹,邓何,郭庆时,等.腐植酸在油田钻井液中的应用［J］.腐植酸,2012(3)：11－17.

［95］晋萍,王栖鹏.防水腐植酸盐砂芯粘合剂研究［J］.山西煤炭,1998,18(1)：55－57.

［96］薄芯.腐植酸在医学上的研究应用［J］.生物学通报,1997,32(5)：18－19.

［97］马淞江,李方文.腐植酸树脂处理含重金属离子废水可行性探讨［J］.腐植酸,2011(2)：43－43.

［98］Anirudhan T,Suchithra P.Heavy metals uptake from aqueous solutions and industrial wastewaters by humic acid-immobilized polymer/bentonite composite：kinetics and equilibrium modeling［J］.Chemical Engineering Journal,2010,156(1)：146－156.

［99］Fu F,Wang Q.Removal of heavy metal ions from wastewaters：a review ［J］. Journal of Environmental Management,2011,92(3)：407－418.

［100］Hung W N,Lin T F,Chiu C H,et al.On the use of a freeze-dried versus an air-dried soil humic acid as a surrogate of soil organic matter for contaminant sorption［J］.Environmental Pollution,2012,160：125－129.

［101］Stockdale A,Bryan N.Uranyl binding to humic acid under conditions relevant to cementitious geological disposal of radioactive wastes［J］.Mineralogical Magazine,2012,76(8)：3391－3399.

［102］张翼峰,黄丽萍.腐植酸在环境污染治理中的应用与

研究现状[J].腐植酸,2007(5)：16－26.

[103] Green J B,Manahan S E.Sulphur dioxide sorption by humic acid-fly ash mixtures [J].Fuel,1981,60(4)：330－334.

[104] 孙志国.腐植酸钠吸收烟气中 SO_2 和 NO_2 的实验及机理研究[D].上海：上海交通大学,2011.

第 2 章

腐植酸钠氨水复合吸收剂吸收二氧化硫研究

2.1 引言

目前,国内外利用腐植酸类物质处理废气的研究较少:美国的研究者 John B 等利用腐植酸钠溶液及腐植酸钠混合飞灰来吸收烟气中的二氧化硫;在国内,赵蓉芳等利用腐植酸制备高比表面负载钙基脱硫剂来吸收二氧化硫,孙志国等也开展了利用腐植酸及其钠盐溶液脱硫的研究。氨水对于二氧化硫也具有良好的吸收效果,利用腐植酸钠氨水复合吸收剂同时吸收二氧化硫与二氧化氮,该方法具有成本低、能耗小、无二次污染等优点,同时可以得到副产品复合肥料,实现环境保护和资源化利用的目标。本章主要研究腐植酸钠氨水复合吸收剂负载在 α-氧化铝载体上后,在有二氧化氮存在的条件下吸收二氧化硫的机理,为探索可能的烟气净化改进方法及今后的深入研究推广做努力。

2.2 实验部分

2.2.1 实验原料与化学试剂

本研究所用的化学试剂见表 2.1。

表 2.1　实验化学试剂

试剂名称	规格	生产厂家
氨水	分析纯	国药集团化学试剂有限公司
氮气	99.99%	上海瑞丽化工气体有限公司
氧气	99.99%	上海瑞丽化工气体有限公司
二氧化硫	99.95%	上海成功气体工业有限公司
二氧化氮	0.005%标准气体	上海浦江特种气体有限公司
腐植酸钠	分析纯	阿拉丁试剂(上海)有限公司
α-氧化铝纤维	F-1600	浙江欧诗漫晶体纤维有限公司

2.2.2　实验仪器与设备

本研究所用的实验仪器与设备见表 2.2。

表 2.2　实验仪器与设备

名称	型号	生产厂家
工业烟气分析测量仪	Testo350XL	德国德图公司
电热恒温水浴锅		上海东玺制冷仪器设备有限公司
数字式酸度计	PHB-5	上海伟业仪器厂
玻璃转子流量计	LZB 型	浙江余姚工业仪表厂
气瓶减压阀	YQY-6 型	上海减压器厂有限公司
鼓风干燥箱	DHG-9075A	上海一恒科学仪器有限公司
电子天平	BS124S	北京赛多利斯仪器系统有限公司

2.2.3　腐植酸钠氨水复合吸收剂的制备

按照本章参考文献[7]的方法制备腐植酸钠氨水复合吸收剂,制备过程如下。

(1)制备 α-氧化铝载体

α-氧化铝载体的制备过程如下:

① 用粉碎机粉碎 α-氧化铝纤维;

② 将粉碎的 α-氧化铝纤维、水、水玻璃按质量比 8.2∶54∶

37.8 混合并搅拌均匀,待挤压脱水后制成所需形状;

③ 在 800 ℃的马弗炉中烧结 2 h,待自然冷却后制成 α-氧化铝载体。

(2) 腐植酸钠氨水复合吸收剂负载

腐植酸钠氨水复合吸收剂的负载过程如下:

① α-氧化铝载体在腐植酸钠溶液(质量分数为 6%)中浸渍 24 h;

② 将浸渍后的 α-氧化铝载体在 80 ℃的鼓风干燥箱中干燥 12 h;

③ 多次浸渍、干燥,直至两次称重质量变化小于 0.01%;

④ 取浸渍腐植酸钠后的 α-氧化铝载体,加入一定量的氨水(质量分数为 12.5%),搅拌均匀后密封于阴暗处,静置 48 h 得到腐植酸钠氨水复合吸收剂。

2.2.4　实验装置及过程

设计和搭建的脱硫实验装置如图 2.1 所示,该实验装置包括四个部分:① 配气单元,由钢瓶装二氧化硫、二氧化氮、氧气、氮气及气体混合箱组成;② 反应单元,由石英管(内径 15 mm,外径 18 mm,长 500 mm)充当固定床反应器;③ 测试单元,由烟气分析仪、数据采集盒及电脑组成;④ 气体净化单元,气体经无水氯化钙去水后,再经过氢氧化钠溶液将剩余的二氧化硫全部除去,以免污染环境。

实验在固定床连续流反应装置上进行,二氧化硫、二氧化氮、氧气、氮气经混合后作为模拟烟气流经固定床反应器(石英管)内填充的吸收剂,吸收剂用玻璃棉支撑,石英管两端用橡皮塞密封固定。用烟气分析仪检测模拟烟气中的二氧化硫、二氧化氮、氧气的进出口含量。实验在室温(25 ℃)、常压条件下进行,二氧化硫的入口含量为 $2\,000\times10^{-6}$,二氧化氮的入口含量

为 $200×10^{-6}$,模拟烟气的流量为 0.15 m^3/h。

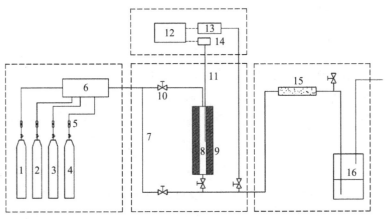

1—SO_2 气瓶;2—O_2 气瓶;3—NO_2 气瓶;4—N_2 气瓶;5—转子流量计;
6—气体混合箱;7—旁路;8—石英管反应器;9—加热炉;10—截止阀;
11—热电偶;12—电脑;13—烟气分析仪;14—数据采集盒;
15—无水氯化钙;16—氢氧化钠溶液

图 2.1　实验装置示意图

2.2.5　分析方法

① FTIR 分析:采用 KBr 压片制样,用傅里叶变换红外光谱仪(EQUINOX55,德国 BRUKER 公司)进行红外光谱分析。

② XRD 分析:采用 D/max-2200/PC 型射线衍射仪(日本理学公司)分析产物组成,测试条件为 Cu 靶,Kα 辐射;X 射线管电压:40 kV;X 射线管电流:20 mA;扫描方式:连续扫描;扫描速度:5°/min;采样间隔:0.02 s;2θ 为 10°~60°;停留时间:1 s;衍射狭缝(DS):10;发散狭缝(SS):1/2;接收狭缝(RS):0.3 mm。

③ 形貌分析:JSM6460 扫描电子显微镜(日本电子)测试的加速电压为 10 kV,距离为 12~18 mm。测试前对样品进行喷金处理。

④ NEXAFS 分析:软 X 射线束 BL08U1-A 线站(上海光

源),150 MeV 直线加速器,3.5 GeV 发射器,分 7 束。

⑤ 离子浓度分析:离子色谱仪(MIC,瑞士万通公司)用于分析清洗吸收剂后溶液中 SO_4^{2-}、SO_3^{2-}、NO_3^- 及 NO_2^- 的质量浓度。

⑥ 元素分析:Varioe EL Ⅲ 型元素分析仪(德国 ELEMEMTAR)用于分析脱硫剂中的元素成分。

2.3　结果与讨论

负载有腐植酸钠氨水复合吸收剂的 α-氧化铝载体在吸收二氧化硫时表现出优异的吸收性能,但当有二氧化氮存在时,吸收效果仍需要通过实验进行研究。

2.3.1　吸收效果分析

1. 吸收穿透曲线

吸收穿透曲线可以体现一定量吸收剂吸收模拟烟气中二氧化硫及二氧化氮的能力。腐植酸钠氨水复合吸收剂的吸收穿透曲线如图 2.2 所示。

从图 2.2 可以发现,在固定床反应器内仅装填 α-氧化铝时,对二氧化硫及二氧化氮有一定的吸收效果,而当 α-氧化铝负载腐植酸钠后,其对二氧化硫和二氧化氮则基本没有吸收效果。在未负载腐植酸钠时,虽然 α-氧化铝的比表面积较小,但是其具有一定的吸附模拟烟气中二氧化硫及二氧化氮的能力;如图 2.3 所示,当 α-氧化铝负载腐植酸钠后,α-氧化铝原有的孔结构表面被腐植酸钠堵塞,导致 α-氧化铝对模拟烟气中二氧化硫及二氧化氮的吸附能力下降。这同时也说明腐植酸钠自身并不能很好地吸收模拟烟气中的二氧化硫及二氧化氮。因此,通过复合负载一定量的氨水可增强其对模拟烟气中二氧化硫及二氧化氮的吸收能力。对比负载氨水前后复合吸收剂的吸收穿透曲线可以发现：负载有氨水及腐植酸钠的 α-氧化铝对模拟烟气中二氧化硫及二氧化氮的穿透时间延长，这表明其对模拟烟气中二氧化硫及二氧化氮的吸收能力得到很大的提高；随着氨水负载量的增加，复合吸收剂对模拟烟气中二氧化硫及二氧化氮的穿透时间也在增加，这说明增加氨水量有助于复合吸收剂对模拟烟气中二氧化硫及二氧化氮的吸收。添加等量的氨水，未负载腐植酸钠的 α-氧化铝的穿透时间比负载氨水及腐植酸钠的 α-氧化铝的穿透时间要短（对比样品 E 和 D），这说明负载氨水及腐植酸钠的 α-氧化铝在吸收模拟烟气中二氧化硫及二氧化氮的过程中，腐植酸钠的作用尤为重要。综上所述，氨水及腐植酸钠复合吸收剂对模拟烟气中的二氧化硫及二氧化氮有很好的吸收效果，且负载氨水量越多，吸收效果越好。

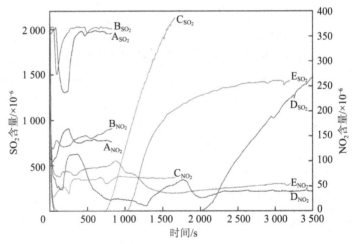

A—α-氧化铝；B—仅负载腐植酸钠的 α-氧化铝；
C—负载 2 mL 氨水及腐植酸钠的 α-氧化铝；
D—负载 3 mL 氨水及腐植酸钠的 α-氧化铝；
E—负载 3 mL 氨水的 α-氧化铝；
SO_2—吸收二氧化硫；NO_2—吸收二氧化氮

图 2.2　腐植酸钠氨水复合吸收剂的吸收穿透曲线

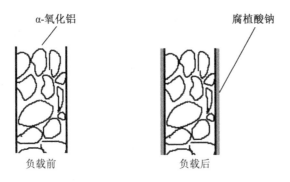

图 2.3　α-氧化铝负载腐植酸钠截面示意图

2. 吸收效率

吸收效率 η 定义为固定床反应器出入口模拟烟气中二氧化硫或二氧化氮含量差与入口含量之比,如式(2-1)所示。

$$\eta = \frac{c_{in} - c_{out}}{c_{in}} \times 100\% \qquad (2\text{-}1)$$

式中,c_{in} 为反应器入口处气体含量;c_{out} 为反应器出口处气体含量。

腐植酸钠氨水复合吸收剂同时吸收模拟烟气中二氧化硫及二氧化氮的吸收效率如图 2.4 所示。从图 2.4 可以看出,各种复合吸收剂对于二氧化硫的吸收效率都接近 100%,但是对二氧化氮的吸收效率则为 80% 左右,且随着穿透时间的延长变化较大。负载 3 mL 氨水及腐植酸钠的 α-氧化铝,其对二氧化硫的 100% 吸收效率保持的时间最长,其次是负载 3 mL 氨水的 α-氧化铝,保持时间最短的是负载 2 mL 氨水及腐植酸钠的 α-氧化铝。这说明腐植酸钠氨水复合吸收剂能够有效吸收模拟烟气中的二氧化硫,而腐植酸钠氨水复合吸收剂对二氧化氮的吸收效率经历一个先下降后缓慢上升最后趋于稳定的过程,这个过程在氨水的负载量少时尤为明显。为了研究模拟烟气中的二氧化氮对腐植酸钠氨水复合吸收剂吸收二氧化硫的影响,表 2.3 对模拟烟气有无二氧化氮时的脱硫穿透时间进行了比较。从表 2.3 可以发现,当模拟烟气中存在二氧化氮时,复合吸收剂被模拟烟气中二氧化硫穿透的时间比无二氧化氮时增加一倍左右,这充分说明模拟烟气中二氧化氮的存在有助于复合吸收剂对二氧化硫的吸收。

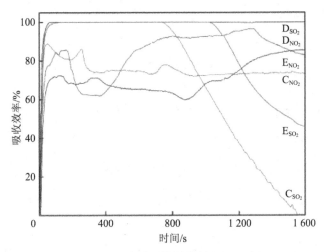

C—负载 2 mL 氨水及腐植酸钠的 α-氧化铝;
D—负载 3 mL 氨水及腐植酸钠的 α-氧化铝;
E—负载 3 mL 氨水的 α-氧化铝;
SO_2—吸收二氧化硫;NO_2—吸收二氧化氮

图 2.4　腐植酸钠氨水复合吸收剂的吸收效率图

表 2.3　不同条件下吸收剂的穿透时间

条件	样品	穿透时间/s	
		吸收效率100%	吸收效率80%
单独吸收 SO_2	样品 D	937	1 500
	样品 E	576	792
有 NO_2 时吸收 SO_2	样品 D	2 000	2 400
	样品 E	1 000	1 200

2.3.2　产物分析

1. 红外光谱分析

利用红外光谱对物质分子进行分析和鉴别就是将一束不同波长的红外射线照射到物质分子上,其中某些特定波长的红外射线被吸收后就形成了这一分子的红外吸收光谱。每种分子都有由其组成和结构决定的独有红外吸收光谱,根据此光谱曲线可以对目标物分子进行结构分析和鉴定。红外吸收光谱是由分子不停地做振动和转动运动而产生的,分子振动是指分子中各原子在平衡位置附近做相对运动,多原子分子可组成多种振动图形。当分子中各原子以同一频率、同一相位在平衡位置附近做简谐振动时,这种振动方式称简正振动(如伸缩振动和变角振动)。分子振动的能量与红外射线的光量子能量正好对应,因此当分子的振动状态改变时,就可以发射红外光谱;当红外辐射激发分子振动,可以产生红外吸收光谱。图 2.5 是腐植酸钠氨水复合吸收剂吸收产物的红外光谱图。在红外光谱分析中,分子的振动和转动能量不是连续的而是量子化的,但由于分子的振动跃迁常常伴随转动跃迁,使振动光谱呈带状,所以分子的红外光谱属带状光谱,而且分子越大,红外谱带越多。从图 2.5 中的谱线 4 可以看出:仅负载腐植酸钠的 α-氧化铝吸收剂在使用后,红外谱图中仍然是腐植酸钠的特征峰,其中,3 420 cm^{-1} 处的峰由羟基(—OH)、氨基(—NH$_2$)的伸缩振动引起,1 580 cm^{-1} 和 1 386 cm^{-1} 处的峰为羧酸盐的特征峰,1 113 cm^{-1} 和 1 036 cm^{-1} 处的峰由醚、醇中 C—O 的伸缩振动引起,这说明腐植酸钠并未与模拟烟气中的二氧化硫及二氧化氮发生反应,因此负载腐植酸钠的 α-氧化铝吸收剂对模拟烟气中的二氧化硫及二氧化氮基本没有吸收能力。对比图 2.5 中的其他谱线发现:同时负载腐植酸钠和氨水的 α-氧化铝吸收剂的吸收产物谱线,明显出现了铵盐和硫酸盐的特征峰,其中,3 128 cm^{-1}处的峰由铵盐的特征峰,1 398 cm^{-1}处的峰由硫酸铵中 H—N—H 的弯曲振动引起,而 1 238,1 113,620 cm^{-1}处的峰为硫酸根的特征峰。

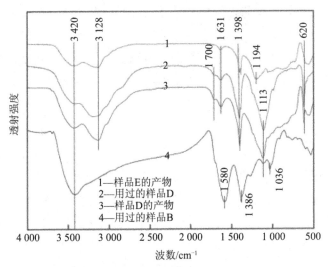

B—仅负载腐植酸钠的 α-氧化铝;
D—负载 2 mL 氨水及腐植酸钠的 α-氧化铝;
E—负载 3 mL 氨水及腐植酸钠的 α-氧化铝

图 2.5　腐植酸钠氨水复合吸收剂吸收产物的红外光谱图

以上分析说明,同时负载腐植酸钠和氨水的 α-氧化铝吸收剂的吸收产物中有硫酸铵,也就是说,此吸收剂中氨水对模拟烟气中二氧化硫及二氧化氮的吸收起主要作用。除此之外,谱图中的1 700 cm^{-1}处的峰为羧基(—COOH)的 C=O 特征峰,这说明负载腐植酸钠和氨水的 α-氧化铝吸收剂吸收二氧化硫及二氧化氮时,部分腐植酸钠也参与吸收二氧化硫及二氧化氮而将原来的—COO—转变成—COOH。结合图 2.2 可以发现,通过在复合吸收剂上负载腐植酸钠可以有效延长复合吸收剂吸收模拟烟气中的二氧化硫及二氧化氮的穿透时间,这可能是因为腐植酸钠作为一种胶体分子可以减少复合吸收剂中氨水的逃逸，从而使氨水发挥最大的吸收效能。

2. XRD 分析

XRD 是 X-ray diffraction 的缩写，XRD 分析就是通过对材料进行 X 射线衍射得到衍射图谱，从而获得材料的成分、材料内部原子或分子的结构或形态等信息的研究手段。采用 D/max-2200/PC 型射线衍射仪对使用后的负载腐植酸钠和氨水的 α-氧化铝进行晶相分析，其 XRD 图谱如图 2.6 所示。由计算机检索的结果发现，$16.48°$，$20.26°$，$22.90°$，$28.49°$ 与 $29.80°$ 处的衍射峰属于硫酸铵，$20.52°$ 和 $41.72°$ 处的衍射峰属于亚硫酸铵，$18.32°$，$22.70°$，$29.14°$，$33.18°$ 和 $40.16°$ 处的衍射峰属于硝酸铵，而其余衍射峰则属于 α-氧化铝吸收剂中莫来石及二氧化硅的特征峰。由于腐植酸钠是无定形物质，所以负载腐植酸钠后的 α-氧化铝并未发现新的特征峰，因此也就未能影响 α-氧化铝载体的晶相结构。产物中的腐植酸也是无定形物质，所以在衍射图中未发现

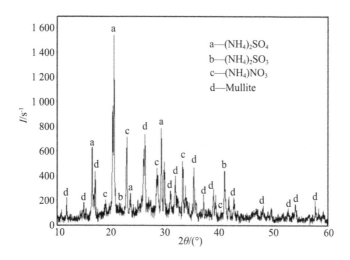

图 2.6　复合吸收剂使用后的 XRD 图谱

其特征峰。此外,由于亚硝酸铵极易被氧化而生成硝酸铵,且复合吸收剂吸收二氧化硫及二氧化氮的过程中有氧气存在,所以在衍射图中也未发现其特征峰。以上结果说明:负载腐植酸钠和氨水的 α-氧化铝吸收剂的主要吸收产物包括硫酸铵、亚硫酸铵和硝酸铵。

3. 形貌分析

为了研究负载腐植酸钠前后 α-氧化铝的形貌结构,笔者使用扫描电镜对其进行形貌分析,如图 2.7 所示。从图 2.7 可以看出,未负载腐植酸钠时 α-氧化铝内部有一定数量的孔结构;负载腐植酸钠后,部分较小的孔被负载的腐植酸钠堵塞。α-氧化铝用于吸收模拟烟气中的二氧化硫及二氧化氮,它的孔结构可以吸收少量的二氧化硫及二氧化氮;负载腐植酸钠后,部分孔被堵塞导致孔数量减少,而且腐植酸钠自身对二氧化硫及二氧化氮的吸收能力有限,所以负载腐植酸钠的 α-氧化铝对二氧化硫及二氧化氮的吸收效果下降,这与我们所预想的负载腐植酸钠的 α-氧化铝吸收剂吸收效果较差的原因一致。因此,腐植酸钠氨水复合吸收剂用于吸收模拟烟气中的二氧化硫及二氧化氮时,腐植酸钠与氨水相辅相成、缺一不可。

(a) α-氧化铝负载前　　　　　(b) 负载腐植酸钠后的α-氧化铝

图 2.7　负载腐植酸钠前后 α-氧化铝的形貌结构

4. 产物中氮元素吸收边分析

X射线近边吸收光谱学通过检测元素的 X 射线吸收系数在吸收边高能侧的振荡情况,反映吸收原子的邻近原子结构和电子结构信息,从而对样品中的各元素进行研究分析。图 2.8 所示为腐植酸钠氨水复合吸收剂吸收产物中氮元素的 K 吸收边。从图 2.8 可以看出,氮元素的 K 边近边吸收谱表现出相近的结构特征:在 403~408 eV 能量范围内,有明显的 $1s \rightarrow \sigma^*$ 跃迁;在大于 408 eV 能量范围内,有较弱的 $1s \rightarrow \sigma$ 跃迁,所以氮元素主要以阳离子 NH_4^+ 及阴离子 NO_3^- 的形式存在。

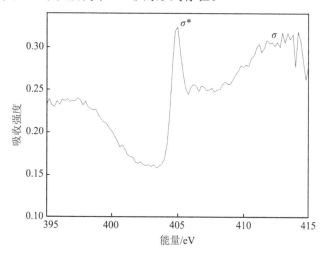

图 2.8　产物中氮元素的 K 吸收边

5. 洗脱液内各离子的质量浓度

为了进一步研究腐植酸钠氨水复合吸收剂吸收模拟烟气中二氧化硫及二氧化氮的产物成分,将使用后的腐植酸钠氨水复合吸收剂进行清洗并收集其洗脱液。使用离子色谱仪对洗脱液中的离子的质量浓度进行测试,测试结果如表 2.4 所示。从表 2.4 可以看出,对于负载腐植酸钠后的复合吸收剂(样品 D),

腐植酸钠复合吸收剂脱硫机制研究

其使用后的洗脱液中各项离子质量浓度的值都比未负载腐植酸钠的复合吸收剂(样品 E)的洗脱液中的值要高,尤其是 SO_4^{2-} 离子质量浓度及 SO_3^{2-} 离子质量浓度,高出一倍左右。这也说明 α-氧化铝负载氨水后,可以通过负载腐植酸钠来增强其对模拟烟气中二氧化硫及二氧化氮的吸收。

表 2.4 吸收剂洗脱液中的离子的质量浓度

样品	模拟烟气中气体含量/10^{-6}		离子质量浓度/$(mg \cdot L^{-1})$				
	SO_2	NO_2	SO_4^{2-}	SO_3^{2-}	NO_3^-	NO_2^-	NH_4^+
D	2 000	200	2 390	112	458.5	36	662
E	2 000	200	1 050	57	359.4	22.5	444

6. 元素分析

对使用后的各吸收剂样品进行元素分析,分析结果见表 2.5。

表 2.5 吸收剂中各元素含量(质量分数)   %

样品	C	O	N	S	Na	Al	Si
α-氧化铝	0	29.70	0	0	4.30	48.77	17.23
负载腐植酸钠的 α-氧化铝	56.13	22.47	1.69	0.52	3.53	9.81	5.85
负载腐植酸钠和氨水的 α-氧化铝	43.15	18.74	5.91	7.89	1.35	15.32	7.64
负载 3 mL 氨水的 α-氧化铝	0	14.97	3.94	5.43	1.12	58.36	16.18

从表 2.5 可以看出,未负载腐植酸钠及氨水的 α-氧化铝吸收剂内主要以 Al、O、Si 等元素为主,负载腐植酸钠的 α-氧化铝吸收剂则增加了 C、S、N 等元素,其中 C 元素增加明显,N、S 元素次之;而负载氨水的 α-氧化铝吸收剂中 N、S 元素的含量要比同时负载腐植酸钠和氨水的 α-氧化铝中的含量低,这也进一步说

明了腐植酸钠在复合吸收剂中的重要作用。

2.3.3　吸收机理分析

通过对吸收产物的红外光谱分析、XRD 分析、元素分析，可以对整个吸收过程的反应机理进行推断。

1. 过程化学机理

结合吸收效率实验及吸收产物的分析结果，可以证实在固定床反应器内，负载腐植酸钠和氨水的 α-氧化铝吸收剂对模拟烟气中的二氧化硫及二氧化氮进行了吸收，其吸收产物主要是硫酸铵、亚硫酸铵和硝酸铵。因此，结合前人的研究结果，对负载腐植酸钠和氨水的 α-氧化铝吸收剂吸收二氧化硫及二氧化氮的反应历程推测如下：

首先，主要是二氧化硫及二氧化氮与氨发生反应。

$$SO_2 + 2NH_3 + H_2O = (NH_4)_2SO_3 \tag{2.1}$$

$$(NH_4)_2SO_3 + SO_2 + H_2O = 2NH_4HSO_3 \tag{2.2}$$

$$NH_4HSO_3 + NH_3 = (NH_4)_2SO_3 \tag{2.3}$$

$$2(NH_4)_2SO_3 + O_2 = 2(NH_4)_2SO_4 \tag{2.4}$$

$$2NO_2 + 2NH_4OH = NH_4NO_3 + NH_4NO_2 + H_2O \tag{2.5}$$

$$2NH_4NO_2 + O_2 = 2NH_4NO_3 \tag{2.6}$$

其次，模拟烟气中的二氧化硫及二氧化氮还会与腐植酸钠反应生成腐植酸。

$$SO_2 + H_2O = H_2SO_3 \tag{2.7}$$

$$2H_2SO_3 + O_2 = 2H_2SO_4 \tag{2.8}$$

$$H_2SO_4 + 2HA\text{-}Na = 2HA \downarrow + Na_2SO_4 + H_2 \uparrow \tag{2.9}$$

除此之外，由于二氧化氮具有极强的氧化性，所以其还能与过程中生成的亚硫酸氢根离子及亚硫酸根离子反应生成硫酸和亚硝酸。

$$NO_2 + HSO_3^- + H_2O \longrightarrow H_2SO_4 + HNO_2 \tag{2.10}$$

$$NO_2 + SO_3^{2-} + H_2O \longrightarrow H_2SO_4 + HNO_2 \quad (2.11)$$

$$H_2SO_4 + 2NH_4OH = (NH_4)_2SO_4 + 2H_2O \quad (2.12)$$

综合以上推测的反应历程,得到腐植酸钠氨水复合吸收剂在二氧化氮存在的条件下吸收二氧化硫的总化学反应方程式如下:

$$4SO_2 + 8NH_3 + 4H_2O + O_2 = 2(NH_4)_2SO_3 + 2(NH_4)_2SO_4$$
$$(2.13)$$

$$2NO_2 + 2NH_3 + H_2O = NH_4NO_3 + NH_4NO_2 \quad (2.14)$$

$$2SO_2 + 2H_2O + 4HA\text{-}Na + O_2 = 4HA\downarrow + 2Na_2SO_4 + 2H_2\uparrow$$
$$(2.15)$$

2. 反应动力学研究

腐植酸钠氨水复合吸收剂吸收模拟烟气中二氧化硫及二氧化氮的过程中,氨水相对于模拟烟气中的二氧化硫及二氧化氮是过量的,根据动力学规律,其反应速率方程可以简写为

$$v_{SO_2} = \frac{dc(SO_2)}{dt} = k_1 c^n(SO_2) \quad (2\text{-}2)$$

$$v_{NO_2} = \frac{dc(NO_2)}{dt} = k_2 c^m(NO_2) \quad (2\text{-}3)$$

由式(2-2)及式(2-3)可知,只要分别作出模拟烟气中二氧化硫和二氧化氮含量随时间变化的曲线,就可以得到二氧化硫和二氧化氮的反应级数和反应速率常数。图2.9与图2.10即为腐植酸钠氨水复合吸收剂吸收二氧化硫及二氧化氮的过程中,模拟烟气中二氧化硫和二氧化氮含量随时间变化的曲线。

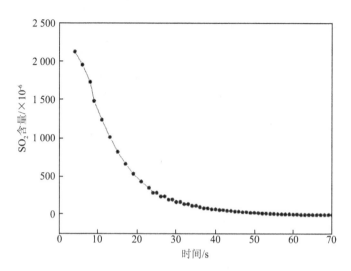

图 2.9　模拟烟气中二氧化硫含量随时间变化的曲线

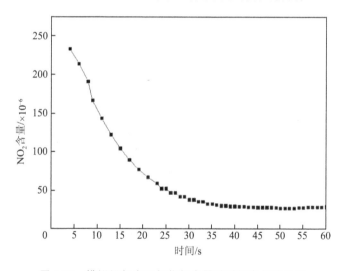

图 2.10　模拟烟气中二氧化氮含量随时间变化的曲线

从图 2.9 可以看出,二氧化硫的反应速率可以分为两个区段,即开始时的快速反应段(0～30 s)和随后过渡到的慢速反应段。之所以反应速率(r)存在两个区段,主要是因为 α-氧化铝吸收剂中的氨水会与二氧化硫快速反应,但是由于负载腐植酸钠而导致反应速率降低。考虑到二氧化硫含量在反应体系中稳定需要 3 s 左右,因此选择第 4 s 作为反应初始时刻,采用初始含量法,可以计算出吸收剂吸收二氧化硫的初始反应速率,结果如图 2.11 所示。在快速反应区段,二氧化硫的分级数约为 0.291;而在慢速反应区段,模拟烟气中的二氧化硫含量与时间基本呈线性递减关系,此现象符合零级反应的特点,即在慢速反应区段,二氧化硫的分级数为 0。

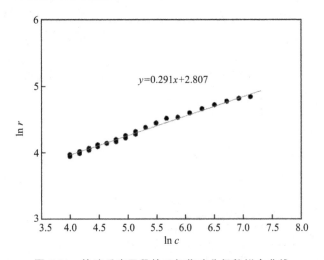

图 2.11   快速反应区段的二氧化硫分级数拟合曲线

从图 2.10 可以看出,二氧化氮的反应速率也可以分为两个区段,即开始时的快速反应区段(0～30 s)和随后过渡到的慢速反应区段。之所以反应速率存在两个区段,主要是因为 α-氧化铝吸收剂中的氨水会与二氧化氮快速反应,但是由于二氧化氮还会氧化亚硫酸根及亚硫酸氢根,导致反应速率降低。同样,考虑到二氧化氮含量在反应体系中稳定需要 3 s 左右,因此选择第 4 s 作为反应初始时刻,采用初始含量法,可以计算出吸收剂吸收二氧化氮的初始反应速率,结果如图 2.12 所示。在快速反应区段,二氧化氮的分级数约为 0.464;而在慢速反应区段,模拟烟气中的二氧化氮含量与时间基本呈线性递减关系,此现象符合零级反应的特点,即在慢速反应区段,二氧化氮的分级数为 0。

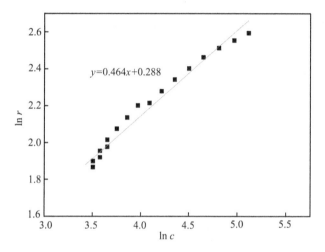

图 2.12　快速反应区段的二氧化氮分级数拟合曲线

2.4　小结

本章主要对腐植酸钠氨水复合吸收剂在二氧化氮存在时吸收二氧化硫的性能进行了研究,结果发现:在实验条件下二氧化氮的存在有利于腐植酸钠氨水复合吸收剂吸收二氧化硫,其吸收二氧化硫的效率可达 100%,吸收二氧化氮的效率在 80%左右,主要产物为硫酸铵、亚硫酸铵和硝酸铵等。动力学实验结果表明,腐植酸钠氨水复合吸收剂同时吸收二氧化硫和二氧化氮时分为两个反应区段,即快速反应区段和慢速反应区段。在快速反应区段,二氧化硫的分级数为 0.291,二氧化氮的分级数为 0.464;在慢速反应区段,二氧化硫和二氧化氮的分级数均为 0。

 参考文献

[1] Green J B,Manahan S E.Absorption of sulphur dioxide by sodium humates [J].Fuel,1981,60(6): 488-494.

[2] Green J B,Manahan S E.Sulphur dioxide sorption by humic acid-fly ash mixtures [J].Fuel,1981,60(4): 330-334.

[3] Zhao R,Liu H,Ye S,et al.Ca-based sorbents modified with humic acid for flue gas desulfurization [J].Industrial & Engineering Chemistry Research,2006,45(21): 7120-7125.

[4] Sun Z,Zhao Y,Gao H,et al.Removal of SO_2 from flue gas by sodium humate solution [J].Energy & Fuels,2010,24(2): 1013-1019.

[5] 孙志国.腐植酸钠吸收烟气中 SO_2 和 NO_2 的实验及机理研究[D].上海：上海交通大学,2011.

[6] Resnik K P,Yeh J T,Pennline H W.Aqua ammonia process for simultaneous removal of CO_2, SO_2 and NO_x [J].International Journal of Environmental Technology and Management,2004,4(1): 89-104.

[7] Sun Z,Gao H,Hu G,et al.Preparation of sodium humate/α-aluminum oxide adsorbents for flue gas desulfurization [J].Environmental Engineering Science,2009,26(7): 1249-1255.

[8] Ogenga D,Mbarawa M,Lee K,et al.Sulphur dioxide removal using South African limestone/siliceous materials [J].Fuel,2010,89(9): 2549-2555.

[9] Xue J, Wang T, Nie J, et al. Preparation and characterization of a photocrosslinkable bioadhesive inspired by

marine mussel [J].Journal of Photochemistry and Photobiology B: Biology,2012,119: 31—36.

[10] Tang Y, Sun C, Yang X, et al. Graphene modified glassy carbon electrode for determination of trace aluminium (Ⅲ) in biological samples [J]. International Journal of Electrochemical Science,2013,8(3): 4194—4205.

[11] Zhang X, Li H, Qi D, et al. Failure analysis of anticorrosion plastic alloy composite pipe used for oilfield gathering and transportation [J].Engineering Failure Analysis, 2013,32: 35—43.

[12] Petit S, Righi D, Madejová J, et al. Infrared spectroscopy of NH_4^+-bearing and saturated clay minerals: a review of the study of layer charge [J].Applied Clay science, 2006,34(1—4): 22—30.

[13] Hueso-Ureña F, Moreno-Carretero M N, Salas-Peregrín J M, et al. Silver(Ⅰ), palladium(Ⅱ), platinum(Ⅱ) and platinum (Ⅳ) complexes with isoorotate and 2-thioisoorotate ligands: synthesis, ir and nmr spectra, thermal behaviour and antimicrobial activity [J]. Transition Metal Chemistry,1995,20(3): 262—269.

[14] Wendsjö Å, Thomas J O, Lindgren J.Infra-red and X-ray diffraction study of the hydration process in the polymer electrolyte system $M(CF_3SO_3)_2PEO_n$ for M＝Pb, Zn and Ni [J].Polymer,1993,34(11): 2243—2249.

[15] Hadzi D, Sheppard N.The infra-red absorption bands associated with the COOH and COOD groups in dimeric carboxylic acids. I. the region from 1 500 to 500 cm $^{-1}$ [J].

Proceedings of the Royal Society,1953,216(1125): 247—266.

[16] Stöhr J.NEXAFS spectroscopy [M].Springer,1992.

[17] Sherwood T. Solubilities of sulfur dioxide and ammonia in water [J]. Industrial & Engineering Chemistry, 1925,17(7): 745—747.

[18] O'Dowd W J,Markussen J M,Pennline H W,et al. Characterization of NO_2 and SO_2 removals in a spray dryer/ baghouse system [J]. Industrial & Engineering Chemistry Research,1994,33(11): 2749—2756.

[19] Moseholm L, Taudorf E, Frøsig A. Pulmonary function changes in asthmatics associated with low-level SO_2 and NO_2 air pollution, weather, and medicine intake [J]. Allergy,1993,48(5): 334—344.

[20] 印永嘉,奚正楷,张树永,等.物理化学简明教程[M].北京：高等教育出版社,2007.

第 3 章

污泥腐植酸钠吸收剂吸收二氧化硫研究

3.1 引言

  商品腐植酸钠主要来自褐煤、泥炭和风化煤等,其生产需要耗费大量的煤炭资源。污泥是一种由有机残片、无机颗粒、细菌菌体、胶体等组成的十分复杂的非均质体,它是污水处理过程中产生的半固态或固态物质。污泥的主要特性是含水率高,颗粒较细,比重较小,有机物(如木质纤维素、蛋白质及脂类)含量高等。随着城市化进程的不断发展,城市污泥量也在急剧增加,截至 2017 年全国已经建成城镇污水处理厂 4 119 座,污水处理能力达 1.82 亿吨/日,年污泥产量在 4 000 万吨左右,而且在逐年增加。目前,我国城市污泥资源化利用率较低,处理如此大量的污泥是当前最紧迫的任务。研究发现,污泥中含有大量的腐植酸,因此从污泥中提取腐植酸钠可以节约褐煤等不可再生资源,同时使污泥减量,扩大污泥的资源化利用范围,污泥腐植酸钠脱硫工艺流程如图 3.1 所示。此外,孙志国、John B 等研究者发现腐植酸钠可用于吸收烟气中的二氧化硫,并可回收制取生物肥料;马鲁铭等也利用污水生化处理过程中产生的出水化学吸收二氧化硫,该方法具有二氧化硫去除率高、不产生二次污染的优点。因此,从环境保护和可持续发展的角度考虑,本章主要针对污泥及污泥腐植酸钠吸收二氧化硫、制取肥料进行了研究。

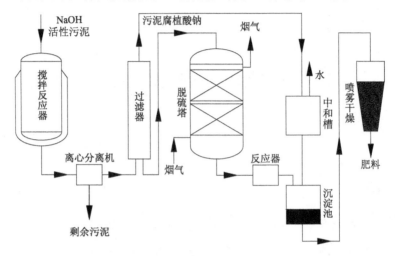

图 3.1　污泥腐植酸钠脱硫工艺流程图

3.2　实验部分

3.2.1　实验原料与化学试剂

本实验使用的原料与化学试剂见表 3.1。

表 3.1　实验原料与化学试剂

名称	规格	来源
活性污泥	—	上海闵行水质净化厂生物活性反应池
剩余污泥	—	上海闵行水质净化厂沉淀池
氮气	99.99%	上海瑞丽化工气体有限公司
氧气	99.99%	上海瑞丽化工气体有限公司
二氧化硫	99.95%	上海成功气体工业有限公司
氢氧化钠	分析纯	国药集团化学试剂有限公司
浓硫酸	分析纯	国药集团化学试剂有限公司
重铬酸钾	分析纯	国药集团化学试剂有限公司

3.2.2　实验仪器与设备

本实验所用的仪器与设备见表 3.2。

表 3.2　实验仪器与设备

名称	型号	生产厂家
工业烟气分析测量仪	Testo350XL	德国德图公司
电热恒温磁力搅拌器	DF-101S	上海东玺制冷仪器设备有限公司
数字式酸度计	PHB-5	上海伟业仪器厂
玻璃转子流量计	LZB 型	浙江余姚工业仪表厂
气瓶减压阀	YQY-6 型	上海减压器厂有限公司
鼓风干燥箱	DHG-9075A	上海一恒科学仪器有限公司
电子天平	BS124S	北京赛多利斯仪器系统有限公司
离心机	TGL-16C	上海安亭科学仪器厂
分光光度计	721 型	上海天翔光学仪器有限公司

3.2.3　污泥腐植酸钠吸收剂的制备

1. 污泥原料的基本性质

污泥原料基本性质的测定方法：污泥含水率和悬浮固体 (suspended solid, SS) 采用 105 ℃恒重法；有机质质量分数和挥发性溶解固体 (volatile dissolved solid, VDS) 采用 600 ℃恒重法；pH 值采用便携式 pH 计测定。污泥的基本性质见表 3.3。

表 3.3　污泥的基本性质

类型	含水率/%	SS 的质量分数%	VDS 的质量分数/%	pH
活性污泥	99.2～99.4	0.09	0.5	7.4
剩余污泥	98.2～98.4	0.5	1	6.8
污泥泥饼	5.2～5.3	0	48.2～48.3	6.8

2. 制备污泥腐植酸钠吸收剂

污泥腐植酸钠吸收剂的制备过程如下：

① 将 2 L 剩余污泥置于容器中,将容器放入恒温水浴;

② 加入 0.4 mol 氢氧化钠,保持温度在 313 K,搅拌 24 h;

③ 用离心机进行液固分离,转速 5 000 r/min,时间 10 min;

④ 取上层清液用 0.45 μm 纤维素滤膜过滤后,装入透析袋(相对分子质量为 2 500~8 000)中进行透析,以完全去除碱处理过程中残留的氢氧化钠,得到污泥腐植酸钠吸收剂。

3.2.4 污泥腐植酸钠吸收剂吸收二氧化硫的实验装置及过程

设计和搭建的脱硫实验装置如图 3.2 所示,该实验装置包括 4 个部分:① 配气单元,由钢瓶装二氧化硫、氧气、氮气及气体混合箱组成;② 反应单元,由三口烧瓶充当鼓泡反应器;③ 测试单元,由数据采集盒及电脑组成;④ 气体净化单元,气体经无水氯化钙去水后,再经过氢氧化钠溶液将剩余二氧化硫全部除去,以免产生污染。实验在常压条件下进行,模拟烟气的流量为 0.12 m^3/h,氧气体积分数为 5%,吸收剂 100 mL。吸收实验完成后,收集吸收液,经固液分离得到脱硫产物。

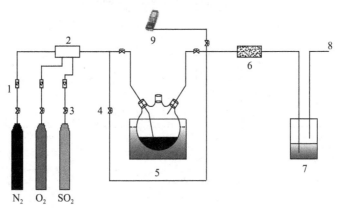

1—转子流量计;2—气体混合箱;3—截止阀;4—旁路;
5—恒温反应装置;6—无水氯化钙;7—碱洗罐;8—排空;9—气体分析装置

图 3.2 实验装置示意图

3.2.5　分析方法

①　分光光度法分析：使用 721 型分光光度计测定污泥腐植酸钠吸收剂原液中腐植酸钠的含量。

②　考马斯亮蓝染色法分析：对蛋白质含量进行测定，测定步骤见本章参考文献[12]。

③　元素分析：采用 ICP-AES 电感耦合等离子体发射光谱仪（IRIS Advantage 1000，Thermo Fisher Scientific，U.S.A）分析吸收二氧化硫的产物中重金属元素的含量。

④　FTIR 分析：采用 KBr 压片制样，用傅里叶变换红外光谱仪（EQUINOX55，德国 BRUKER 公司）进行红外光谱分析。

⑤　XRD 分析：采用 D/max-2200/PC 型射线衍射仪（日本理学公司）分析产物组成，测试条件为 Cu 靶，Kα 辐射；X 射线管电压：40 kV；X 射线管电流：20 mA；扫描方式：连续扫描，扫描速度：5°/min；采样间隔：0.02 s；2θ 为 10°～60°；停留时间：1 s；衍射狭缝（DS）：10；发散狭缝（SS）：1/2；接收狭缝（RS）：0.3 mm。

3.3　结果与讨论

首先对碱处理提取得到的污泥腐植酸钠吸收剂的成分进行测定，然后将其用于吸收模拟烟气中的二氧化硫，以研究其吸收烟气中二氧化硫的效果及产物。

3.3.1　污泥腐植酸钠吸收剂成分分析

对制备的污泥腐植酸钠吸收剂进行成分分析，结果如表 3.4 所示。

表 3.4　污泥腐植酸钠吸收剂成分及特征

基本性质	有机质	质量浓度/(g·L⁻¹)	比例/%
pH＝10.8	腐植酸钠	1.63	24.1
SS 的质量浓度 0.07 g/L	蛋白质	2.0	29.6
VDS 的质量浓度 6.756 g/L	其他有机物ᵃ	3.126	46.3

注：a 表示通过减量法获得。

从表 3.4 可以看出，吸收剂的 pH 值高达 10.8，这说明其碱
性很强，可以作为吸收烟气中二氧化硫的吸收剂。挥发性溶解
固体的质量浓度为 6.756 g/L，其中，腐植酸钠为 1.63 g/L，约为
总有机质的 24.1%；蛋白质为 2.0 g/L，约为总有机质的 29.6%。
从成分分析结果可以看出，污泥经碱处理后的溶出液中含有较
多的腐植酸钠及蛋白质等有机物，这与本章参考文献[13]的分
析测试结果基本一致。按照 Stevenson 的研究，腐植酸的分子结
构式如图 3.3 所示。从图 3.3 可知，腐植酸的结构中含有羟基、
羧基和缩氨酸及糖类等，而经过氢氧化钠碱解后，H⁺ 被 Na⁺ 置
换，所以用氢氧化钠碱解污泥后得到的腐植酸钠的分子结构式
如图 3.4 所示。

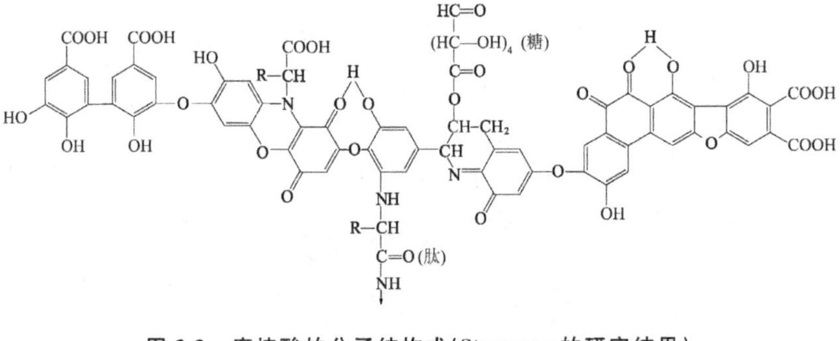

图 3.3　腐植酸的分子结构式（Stevenson 的研究结果）

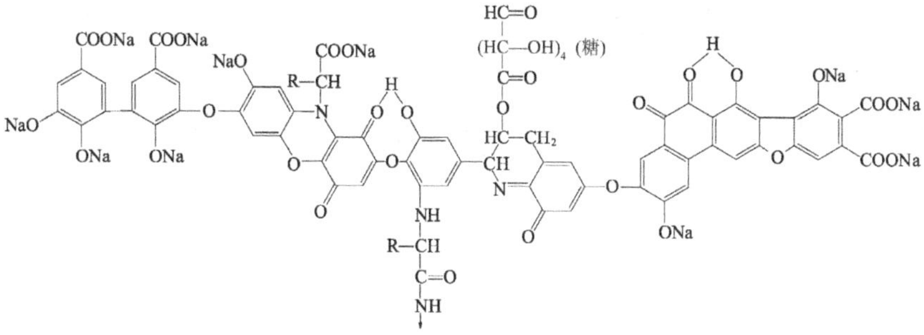

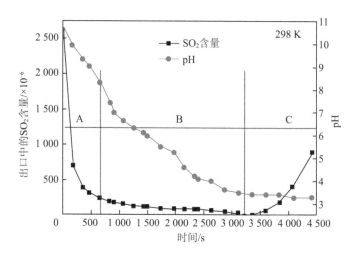

图 3.4　污泥腐植酸钠的分子结构式

3.3.2　吸收效果分析

1. 吸收曲线

吸收曲线通常用来表示模拟气体通过吸收剂的反应历程。图 3.5 中的吸收曲线用于表示污泥腐植酸钠吸收剂对模拟烟气中二氧化硫的吸收过程。同时,吸收过程中污泥腐植酸钠吸收剂的 pH 值变化也显示于图 3.5 中。

图 3.5　污泥腐植酸钠吸收剂的吸收曲线

从图 3.5 可以看出,在鼓泡反应器内使用的污泥腐植酸钠对二氧化硫有较好的吸收效果,二氧化硫的含量变化在整个吸收过程可以分为 3 段:首先经历约 650 s 的急速下降区(A 区),然后经历约 2 600 s 的近似水平区(B 区),最后含量缓慢升高(C 区)。与此同时,吸收剂的 pH 值从最初的 10.8 开始变化,经历 A、B 区的线性下降后在 C 区基本保持不变,最后维持在 3.4。在这个过程中,模拟烟气中的二氧化硫可能首先通过吸收剂与烟气的气液接触界面,溶入吸收剂的水溶液中生成亚硫酸,然后与吸收剂中的腐植酸钠发生化学反应,待吸收剂中的腐植酸钠完全消耗后,吸收剂就失去吸收二氧化硫的能力,同时亚硫酸钠被模拟烟气中的氧气氧化成硫酸钠。

2. 不同污泥吸收剂吸收二氧化硫的效果对比

为了研究污泥腐植酸钠吸收二氧化硫的机理,笔者分别使用活性污泥吸收剂、剩余污泥吸收剂与污泥腐植酸钠吸收剂进行吸收实验,吸收效果见图 3.6。

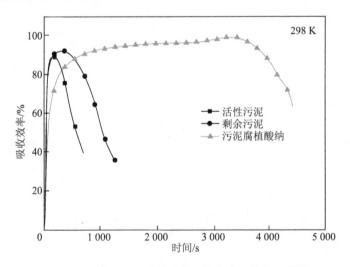

图 3.6　不同污泥吸收剂吸收二氧化硫的效果对比图

吸收效率的计算公式见式(2-1)。为了描述吸收剂的吸收效果,将吸收效率大于70%时的延续时间定义为高效率吸收持续时间(duration time of high efficiency,DTHE)。不同吸收剂相应的高效率吸收持续时间见表3.5。从图3.6可以看出,活性污泥吸收二氧化硫的最大吸收效率可达90.3%左右,这类似于纯水作为吸收剂的吸收过程,吸收效率都是在迅速达到最大值后又迅速降低,这是因为活性污泥的含水率约为99.3%,其他物质成分对吸收二氧化硫的影响很小。剩余污泥吸收剂吸收二氧化硫的最大吸收效率约为92.4%,比活性污泥吸收剂吸收二氧化硫的吸收效率略高,但不及污泥腐植酸钠吸收剂的吸收效率。

表3.5　不同吸收剂的吸收效率及吸收量

吸收剂	二氧化硫最大吸收效率/%	DTHE/s	吸收量/mmol
污泥腐植酸钠	98.32	4 357	0.946
剩余污泥	92.40	840	0.166
活性污泥	90.32	408	0.075
氢氧化钠溶液	81.04	478	0.080
纯水	78.52	240	0.038

3. 污泥腐植酸钠吸收剂与氢氧化钠溶液及纯水吸收二氧化硫的效果对比

图3.7是同体积的污泥腐植酸钠、纯水和氢氧化钠溶液(相同pH)在相同条件下吸收二氧化硫的吸收效率曲线。用纯水作吸收剂吸收模拟烟气中的二氧化硫时,二氧化硫与纯水反应生成亚硫酸,部分亚硫酸解离成 H^+、HSO_3^- 及少量的 SO_3^{2-} 离子,如反应式(3.1)与反应式(3.2)所示。

$$SO_2(g) \longrightarrow SO_2(a) + H_2O \rightleftharpoons H_2SO_3 \overset{K_1}{\rightleftharpoons} H^+ + HSO_3^- \quad (3.1)$$

$$HSO_3^- \overset{K_2}{\rightleftharpoons} H^+ + SO_3^{2-} \quad (3.2)$$

其中,$K_1 = 1.7 \times 10^{-2}$,$K_2 = 5 \times 10^{-6}$。从解离常数可以发现,反应式(3.1)是主要的解离平衡。

用氢氧化钠溶液吸收模拟烟气中的二氧化硫时,氢氧化钠与模拟烟气中的二氧化硫反应生成亚硫酸钠,亚硫酸钠则继续从模拟烟气中吸收二氧化硫生成亚硫酸氢钠,整个过程如下:

$$SO_2(g) \longrightarrow SO_2(a) \tag{3.3}$$

$$SO_2(a) + 2NaOH \Longleftrightarrow Na_2SO_3 + H_2O \tag{3.4}$$

$$Na_2SO_3 + SO_2(a) + H_2O \Longleftrightarrow 2NaHSO_3 \tag{3.5}$$

当亚硫酸钠全部变为亚硫酸氢钠后,水继续吸收二氧化硫生成亚硫酸,当水溶液全部吸收饱和后则失去吸收模拟烟气中二氧化硫的能力,此时吸收剂的 pH 值不再发生变化。因此,氢氧化钠溶液在高效率吸收持续时间和吸收量上都优于纯水。

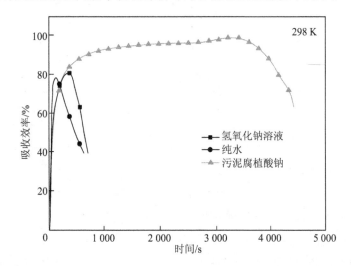

图 3.7 污泥腐植酸钠、纯水及氢氧化钠溶液吸收二氧化硫的效果对比图

当使用污泥腐植酸钠吸收模拟烟气中的二氧化硫时,与纯水及氢氧化钠溶液作吸收剂类似,首先发生如式(3.3)所示的物理吸收,即二氧化硫溶入吸收剂水溶液中,然后溶入水中的二氧化硫与污泥腐植酸钠反应生成亚硫酸钠,之后亚硫酸钠继续吸收模拟烟气中的二氧化硫生成亚硫酸氢钠;二氧化硫在与污泥腐植酸钠进行化学反应的同时也产生腐植酸沉淀,促使反应不停向右进行,因此用污泥腐植酸钠吸收二氧化硫的持续时间较长,整个过程如反应式(3.6)至反应式(3.8)所示。

$$SO_2(g) \longrightarrow SO_2(a)$$

$$SO_2(a) + H_2O + 2RCOONa \Longrightarrow Na_2SO_3 + 2RCOOH \downarrow$$

$$(3.6)$$

$$Na_2SO_3 + SO_2(a) + H_2O \Longrightarrow 2NaHSO_3 \qquad (3.7)$$

$$2Na_2SO_3 + O_2(a) \Longrightarrow 2Na_2SO_4 \qquad (3.8)$$

4. 入口含量对污泥腐植酸钠吸收剂吸收效率的影响

保持其他实验条件不变,改变模拟烟气中二氧化硫的含量进行实验,污泥腐植酸钠对不同含量二氧化硫的吸收效率曲线如图 3.8 所示。从图 3.8 可以发现,改变模拟烟气中二氧化硫的含量对污泥腐植酸钠的吸收效率并未有太大的影响;随着模拟烟气中二氧化硫含量的增大,吸收剂的吸收效率略有增大,且基本都在 95% 以上。按式(3-1)可以得到污泥腐植酸钠吸收二氧化硫的量,如图 3.8 中的插图所示,模拟烟气中二氧化硫的含量对污泥腐植酸钠吸收二氧化硫的量和持续时间影响较大。

$$Q = (c_{in} - c_{out}) \times V \qquad (3-1)$$

按照气体吸收的双膜理论模型分析,当模拟烟气中二氧化硫的含量增大时,烟气中二氧化硫的气相分压增加有助于提高二氧化硫的传质推动力,有利于化学吸收反应的进行,污泥腐植酸钠吸收剂的吸收效率会相应增大。但是,当模拟烟气中二氧化硫的含量增大时,模拟烟气通过鼓泡反应器内的吸收剂时会有部分二氧化硫来不及溶入吸收剂就溢出液面,从而导致高效率吸收持续时间缩短,二氧化硫的吸收量也相应减少。因此,模拟烟气中二氧化硫的含量对吸收效率的影响不大,对吸收量的影响较大。

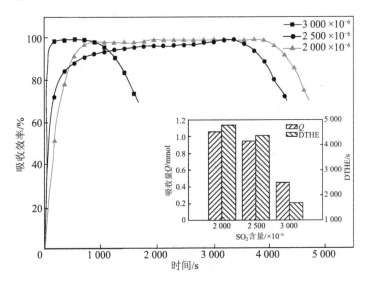

图 3.8　模拟烟气中二氧化硫的含量对吸收剂吸收效率的影响

5. 温度对污泥腐植酸钠吸收剂吸收效率的影响

当改变污泥腐植酸钠吸收剂的温度来吸收模拟烟气中的二氧化硫时,其吸收效率曲线如图 3.9 所示。从图 3.9 可以看出,随着温度的升高,二氧化硫的吸收效率略微降低,高效率持续吸收时间缩短,这说明高温不利于污泥腐植酸钠吸收模拟烟气中的二氧化硫。二氧化硫在水中的溶解度随着温度的升高而降低,当吸收剂温度升高时,二氧化硫在吸收剂水溶液上方的平衡蒸气压增大,溶解于水溶液中的一部分二氧化硫又会从水溶液中溢出,直至吸收过程中二氧化硫的分压达到平衡为止,这会导致传质推动力减小。此外,高温会加速气体分子的相对运动,从而减少气液相界面上的接触,不利于二氧化硫的吸收,这也可以从图 3.9 的插图中二氧化硫吸收量的变化得到验证。

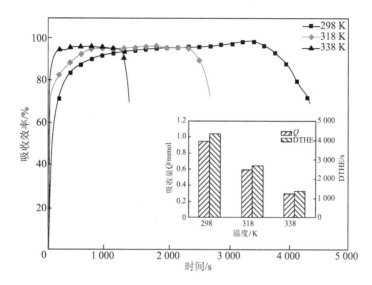

图 3.9　温度对吸收剂吸收效率的影响

6. 氧气对污泥腐植酸钠吸收剂吸收效率的影响

　　模拟烟气中的氧气对污泥腐植酸钠吸收剂吸收效率的影响如图 3.10 所示,插图是在有、无氧气条件下污泥腐植酸钠对烟气中二氧化硫的吸收量与高效率持续吸收时间。从图 3.10 可以看出,当模拟烟气中含有氧气时,污泥腐植酸钠吸收剂对二氧化硫的吸收效率比无氧气存在时稍有升高。这可能是因为随着氧含量的增加,烟气中氧气的分压增加,使得液相中氧气的平衡浓度增大,从而使更多的氧气溶解于吸收剂水溶液中。溶解在水溶液中的氧气将亚硫酸根氧化为硫酸根,从而促进污泥腐植酸钠吸收二氧化硫的进行,减小气液传质阻力,提高吸收效率,缩短吸收时间。当模拟烟气中没有氧气时,污泥腐植酸钠吸收二氧化硫后生成的亚硫酸钠未被氧化,因此会按照反应式(3.7)继续吸收模拟烟气中的二氧化硫,直至亚硫酸钠全部转化为亚硫酸氢钠,这就导致在没有氧气的条件下,二氧化硫的吸收量反而比有氧气存在时多。

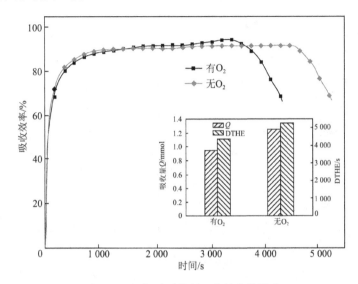

图 3.10　氧气对吸收剂吸收效率的影响

3.3.3　产物分析

使用后的吸收剂静置 3 h 后有明显分层,如图 3.11 所示,这表明使用污泥腐植酸钠吸收剂吸收二氧化硫后的产物比较容易实现固液分离。为了通过分析吸收剂吸收产物的成分进一步研究污泥腐植酸钠吸收二氧化硫的机理,笔者将使用后的污泥腐植酸钠通过过滤进行固液分离处理。

图 3.11　吸收液静置前后照片

1. 红外光谱分析

利用红外光谱对有机物分子进行分析是鉴别分析有机物结构的一种有效方法,不同的研究者所报道的谱带在频率上都略有不同。将吸收产物黑色粉末在 378 K 下干燥 72 h 后用 KBr 压片进行红外光谱测试,波数范围为 400～4 000 cm^{-1}。

图 3.12 是污泥腐植酸钠与商品腐植酸钠分别吸收二氧化硫的吸收产物红外光谱图。从图 3.12 可以发现,两种样品都具有腐植酸类的基本特征峰,如 3 424,1 652,1 539,1 460,1 253 cm^{-1} 等处的峰,但污泥腐植酸钠吸收产物的谱图中有 2 921 cm^{-1} 和 2 860 cm^{-1} 两处特征峰,而商品腐植酸钠吸收产物的谱图中没有这两个特征峰。根据前文对污泥腐植酸钠成分的分析可知,污泥腐植酸钠含有较多的蛋白质及脂肪类有机物质,2 921 cm^{-1} 和2 860 cm^{-1} 处的峰为脂肪族的 C—H 键在 CH_3 和 CH_2 对称和非对称拉伸振动的特征峰,这说明污泥腐植酸钠吸收产物中含有脂肪族化合物。除此之外,污泥腐植酸钠吸收产物的红外光谱图中,3 300～3 500 cm^{-1} 范围有很强的宽峰,它对应的可能是酚或醇的羟基 O—H 的拉伸或氨基 N—H 的伸缩振动;1 652 cm^{-1} 处的峰位于 1 600～1 660 cm^{-1} 范围内,可能是由芳香结构中的 C—C 振动引起,亦可能是由与酮或酰胺中的 C≡O 发生共轭所产生;1 539 cm^{-1} 处的峰则可能是由芳香 C—C 伸缩振动或者酰胺 N—H 振动和 C—H 拉伸产生;而 1 460 cm^{-1} 处的峰由脂肪族的 C—H 拉伸振动引起;1 097 cm^{-1} 和 1 050 cm^{-1} 处的峰在 1 030～1 170 cm^{-1} 范围内,可能由碳水化合物或芳香醚类的—C—O—C—拉伸引起,另有文献中称这些特征峰是蛋白质及糖类化合物的特征峰;533 cm^{-1} 处的峰由 C—C 拉伸引起。按照 Hsu 等的研究,明显的吸收带在 1 652,1 540,1 230 cm^{-1} 附近,这应该是由醚化芳香结构和含 N 官能团

引起。综合上述分析可知,污泥腐植酸钠吸收二氧化硫后的产物成分主要包含腐植酸、蛋白质、糖类、脂肪及其他一些小分子有机酸。

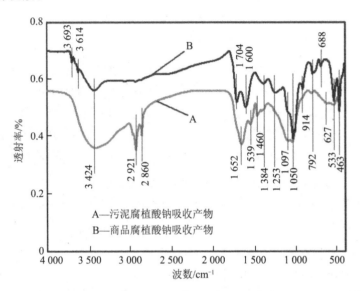

图 3.12　污泥腐植酸钠吸收产物与商品腐植酸钠吸收产物的红外光谱图

2. XRD 分析

X 射线衍射分析一直是鉴别晶态物质组成的有效方法,每种晶体结构与其 X 射线衍射峰之间都存在一一对应的关系,如果有其他物质混聚在一起,也不会影响其独立的 X 射线衍射图谱,因此采用 D/max-2200/PC 型射线衍射仪对从吸收液上层清液分离出的样品进行晶相分析,其 XRD 图谱如图 3.13 所示。对 XRD 图谱使用计算机物相检索后发现,主要的衍射峰都属于硫酸钠晶态。由于腐植酸是典型的非结晶性、无定形聚合物质,其 X 射线衍射图谱呈明显的弥散的隆峰,在此衍射图中未发现其特征峰。

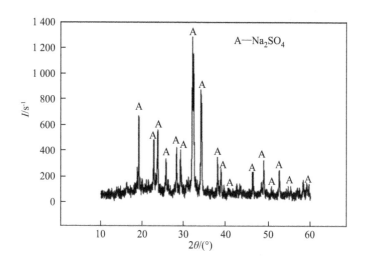

图 3.13　上清液提取物的 XRD 图谱

3. 重金属元素分析

通常污泥中含有大量重金属,由于其不能被微生物所降解,因此吸收产物如用作肥料就必须考虑其影响。为了研究污泥腐植酸钠吸收二氧化硫后的吸收产物用作肥料的可行性,笔者对吸收液中的腐植酸及重金属含量(质量浓度)进行测定,结果见表 3.6。从表 3.6 可以看出,吸收液中所含腐植酸量较标准值低,重金属含量也较低,因此可以采用浓缩的方法将污泥腐植酸钠吸收二氧化硫后的吸收液用作肥料。

表 3.6　吸收液中的腐植酸与重金属含量(质量浓度)

项目	标准产物	吸收液
腐植酸/$(g \cdot L^{-1})$	$\geqslant 30$	15.2
As/$(mg \cdot L^{-1})$	$\leqslant 10$	0.56
Cd/$(mg \cdot L^{-1})$	$\leqslant 10$	0.41
Pb/$(mg \cdot L^{-1})$	$\leqslant 50$	5.31

3.3.4 吸收机理分析

结合以上分析和讨论,污泥腐植酸钠吸收二氧化硫的机理可以概括为如下过程:二氧化硫溶入吸收剂水溶液中(物理吸收),溶入水中的二氧化硫再与污泥腐植酸钠进行化学反应生成亚硫酸钠,亚硫酸钠被模拟烟气中的氧气氧化生成硫酸钠。整个过程如下所示:

$$SO_2(g) \longrightarrow SO_2(a)$$
$$SO_2(a) + H_2O + 2RCOONa \rightleftharpoons Na_2SO_3 + 2RCOOH \downarrow$$
$$2Na_2SO_3 + O_2(a) \rightleftharpoons 2Na_2SO_4$$

3.4 小结

对污泥进行碱解制备出污泥腐植酸钠吸收剂后,将其置于鼓泡反应器内进行吸收二氧化硫的实验研究,发现污泥腐植酸钠吸收剂对二氧化硫有较好的吸收效果,二氧化硫的含量变化在整个吸收过程可以分为3段:首先经历约650 s的急速下降区,然后经历约2 600 s的近似水平区,最后经历缓慢升高区。与此同时,吸收剂的pH值从最初的10.8经历线性下降后基本保持不变,最后维持在3.4左右。通过对污泥腐植酸钠、水、氢氧化钠溶液吸收二氧化硫的比较,发现腐植酸钠吸收二氧化硫的持续时间最长。通过改变不同实验条件的研究,笔者发现不同二氧化硫浓度及温度对污泥腐植酸钠吸收二氧化硫吸收效率的影响较小,但对其吸收持续时间的影响较大;在氧气存在的条件下,污泥腐植酸钠吸收二氧化硫的吸收效率高,吸收持续时间则较没有氧气存在的条件下要短。此外,通过对污泥腐植酸钠吸收二氧化硫的产物进行分析,笔者发现其主要成分是腐植酸、蛋白质、糖类、脂肪及其他一些小分子有机酸等。

 **参考文献**

[1] 罗培培,傅雪海.我国褐煤共伴生资源分析及利用方向[J].煤炭科学技术,2012,40(12):118－121.

[2] 岳廷盛,唐涤.泥炭中腐植酸含量提高的方法研究[J].腐植酸,1993(2):25－28.

[3] 邹静,王芳辉,朱红,等.风化煤中腐植酸的提取研究[J].化工时刊,2006,20(6):10－12.

[4] 周立祥,沈其荣,陈同斌,等.重金属及养分元素在城市污泥主要组分中的分配及其化学形态[J].环境科学学报,2000,20(3):269－274.

[5] 姬爱民,曹兴坤,王吉敏,等.剩余污泥中木质纤维素稳定并转化能源可行性分析[J].环境科学学报,2013,33(5):1215－1223.

[6] 王金南,孙鑫,于晓艳,等.城市污泥热解转化机理及经济性评价[M].北京:冶金工业出版社,2016.

[7] 徐文英.加拿大污泥资源化利用和工程实践对中国的借鉴[J].环境科学与管理,2011,36(7):15－20.

[8] Réveillé V,Mansuy L,Jardé É,et al.Characterisation of sewage sludge-derived organic matter:lipids and humic acids[J].Organic Geochemistry,2003,34(4):615－627.

[9] Sun Z,Zhao Y,Gao H,et al.Removal of SO_2 from flue gas by sodium humate solution [J].Energy & Fuels,2010,24(2):1013－1019.

[10] Green J B,Manahan S E. Absorption of sulphur dioxide by sodium humates [J].Fuel,1981,60(6):488－494.

[11] 马鲁铭,刘燕,黄志通,等.污水生化处理出水吸收二氧化硫：烟道气脱硫与污水回用的新途径[J].中国环境科学,1998,18(1)：64-67.

[12] 孙士青,王少杰,李秋顺,等.考马斯亮蓝法快速测定乳品中蛋白质含量[J].山东科学,2011,24(6)：53-55.

[13] Li H,Jin Y,Nie Y.Application of alkaline treatment for sludge decrement and humic acid recovery [J].Bioresource Technology,2009,100(24)：6278-6283.

[14] Stevenson F J.Humus chemistry：genesis,composition,reactions [M].Hoboken：John Wiley & Sons,1994.

[15] Tarbuck T L,Richmond G L.Adsorption and reaction of CO_2 and SO_2 at a water surface [J].Journal of the American Chemical Society,2006,128(10)：3256-3267.

[16] Hikita H, Asai S, Tsuji T. Absorption of sulfur dioxide into aqueous sodium hydroxide and sodium sulfite solutions [J].AIChE Journal,1977,23(4)：538-544.

[17] Takeuchi H,Yamanaka Y.Simultaneous absorption of SO_2 and NO_2 in aqueous solutions of NaOH and Na_2SO_3[J].Industrial & Engineering Chemistry Process Design and Development,1978,17(4)：389-393.

[18] Ipek U. Sulfur dioxide removal by using leather factory wastewater [J].Clean Soil Air Water,2010,38(1)：17-22.

[19] Jinno K, Fujimoto C, Nakanishi S. Hydrocarbon group-type analysis with microcapillary-column liquid chromatography/conventional infrared spectrometry [J].Chromatographia,1985,20(5)：279-282.

[20] Leboda R. The chemical nature of adsorption centers in modified carbon-silica adsorbents prepared by the pyrolysis of alcohols [J].Chromatographia,1980,13(11): 703－708.

[21] Hakomori S I.A rapid permethylation of glycolipid, and polysaccharide catalyzed by methylsulfinyl carbanion in dimethyl sulfoxide [J].Journal of Biochemistry,1964,55(2): 205－208.

[22] Wang S L, Lin S Y, Wei Y S. Transformation of metastable forms of acetaminophen studied by thermal Fourier transform infrared (FT-IR) microspectroscopy [J]. Chemical and Pharmaceutical Bulletin,2002,50(2): 153－156.

[23] García A, Egües I, Toledano N, et al.Biorefining of lignocellulosic residues using ethanol organosolv process [J]. Chemical Engineering Transactions,2009,18: 911－916.

[24] Chibber V, Chaudhary R, Tyagi O, et al.Anti wear and anti friction characteristics of tribochemical films of alkyl octa-decenoates and their derivatives [J].Lubrication Science, 2006,18(1): 63－76.

[25] Bai Y H, Gong N, Zhao X N, et al. Studies on the physiological response of brassica chinensis L. seeds in germination to environmental pollutant LAS toxicity by FTIR-ATR spectroscopy [C]//International Conference on Bioinformatics & Biomedical Engineering.IEEE,2010.

[26] Hsu J H, Lo S L.Chemical and spectroscopic analysis of organic matter transformations during composting of pig manure [J].Environmental Pollution,1999,104(2): 189－196.

第 4 章

腐植酸钠脱硫产物的磺化实验研究

4.1 引言

商品腐植酸钠和污泥腐植酸钠吸收二氧化硫后的产物主要是腐植酸,腐植酸可以在农业、工业、医药、畜牧、环保领域作为抗旱剂、生长剂、饲料添加剂、石油钻井液处理剂、陶瓷增强剂、锅炉除垢剂等。腐植酸分子结构中含有芳基、酚羟基、羰基、甲氧基和羧基等活性基团,正是由于存在这些活性基团,腐植酸可以进行氧化还原、水解、酰化、磺化、硝化及氨化等多种化学反应。为了更好地发挥腐植酸的使用效果,通常会对其进行磺化、硝化、氧解、氨化等改性处理,即腐植酸可以在一定条件下引入其他活性基团,克服腐植酸自身的某些固有缺点,制造出具有很高生物活性的腐植酸衍生物。所谓腐植酸磺化就是将其与硫酸、亚硫酸钠等磺化剂进行反应,在腐植酸大分子的芳核内未被取代的空位上引入磺酸基团;腐植酸硝化则是使硝酸根取代腐植酸分子结构内芳核上的氢,提高其酸性,使其更容易解离。国外的试验证明,改性腐植酸的生物活性远远超过普通腐植酸,可以作为一种高效的动植物生长促进剂。腐植酸通过磺化后可以增加其金属离子交换量,并且可以改善其水溶性和抗凝性。例如,制备混凝土减水剂和钻井泥浆处理剂等都需要在腐植酸内引入磺酸基团,磺化的腐植酸能够抑制黏土水化膨胀,兼有降滤失和降黏作用,且比硝基化的腐植酸具有更高的热稳定性和更强的抗盐抗钙能力。腐植酸磺化常用浓硫酸法,即在较高温度下将浓硫酸直接作用于腐植酸类物质,这种方法虽然可以引入磺酸基团,但是磺化产物在高温下被碳化,溶解性大大降低,并且腐植酸本身所具有的生物活性也受到很大破坏。

因此,本章使用稀硫酸作为磺化剂,在有超声波辅助作用并添加季铵盐催化剂的条件下,进行腐植酸磺化改性的实验研究。

4.2　实验部分

4.2.1　实验化学试剂

硫酸(CAS 号：7664-93-9)、氢氧化钠(CAS 号：1310-73-2)、无水乙醇(CAS 号：64-17-5)与 1,2-二氯乙烷(CAS 号：107-06-2)购于国药集团化学试剂有限公司。四甲基溴化铵(TMAB,CAS 号：64-20-0)、四乙基溴化铵(TEAB,CAS 号：71-91-0)、四丙基溴化铵(TPAB,CAS 号：1941-30-6)、四丁基溴化铵(TBAB,CAS 号：1643-19-2)及腐植酸钠(CAS 号：68131-04-4)购于阿拉丁试剂(上海)有限公司。其他溶剂与试剂均为分析纯或更纯,且使用前没有经过进一步提纯。从超纯水系统得到的去离子水(电阻率≥18 MΩ·cm)用于配制所有的水溶液。

4.2.2　实验仪器与设备

本实验所用的仪器与设备见表 4.1。

表 4.1　实验仪器与设备

名称	型号	生产厂家
电热恒温磁力搅拌器	DF-101S	上海东玺制冷仪器设备有限公司
数字式酸度计	PHB-5	上海伟业仪器厂

名称	型号	生产厂家
鼓风干燥箱	DHG-9075A	上海一恒科学仪器有限公司
电子天平	BS124S	北京赛多利斯仪器系统有限公司
超声清洗机	DS-3510	上海生析超声仪器有限公司
分光光度计	721 型	上海天翔光学仪器有限公司

4.2.3　实验过程

取若干腐植酸钠溶于去离子水中,添加 0.1 mol/L 盐酸至 pH 值为 2,用平均孔径为 0.22 μm 的混合纤维素酯微孔滤膜过滤,85 ℃充分干燥恒重后作为腐植酸原料;称取一定量的腐植酸与四丁基溴化铵置入圆底烧瓶,滴加 40%(质量分数)的氢氧化钠溶液至腐植酸全部溶解,用 721 型分光光度计在波长 465 nm 处检测其吸光度 D_O;量取 20 mL 1,2-二氯乙烷和一定量的硫酸加入烧瓶内;将烧瓶放入 DS-3510 超声清洗机(150 W,40 kHz)进行超声,待反应一定时间后结束。滴加 0.1 mol/L 盐酸至 pH 值为 2 后过滤,用 721 型分光光度计检测滤液在波长 465 nm 处的吸光度 D_A,从而计算得到磺化腐植酸的磺化度。

$$SD = \frac{(D_A - D_O)}{D_O} \times 100\% \times f$$

式中,f 是换算系数,取 0.745 6 mg-S/g-HA。

4.2.4　分析方法

① FTIR 分析:采用 KBr 压片制样,用傅里叶变换红外光谱仪(EQUINOX55,德国 BRUKER 公司)对腐植酸磺化产物进行红外光谱分析。

② 拉曼光谱分析:用带有 Andor DU420 型 CCD 探测器的 LanRam HR 800 型微拉曼系统(法国 Jobin Yvon 公司)测得腐植酸磺化产物的拉曼光谱,测量在室温下进行,激励源为

514.5 nm 的 Ar⁺ 激光。

③ X 射线光电子能谱(XPS)分析：采用日本岛津 Kratos 公司 AXIS UltraDLD X 射线光电子能谱仪对产物进行分析，激发源为 Al Kα，工作电压为 2.95 eV，功率为 150 W。测试时，分析室的压力为 1.33×10^{-9} Pa，样品的荷电效应用污染碳 C 1s＝284.6 eV 校正。

4.3　结果与讨论

4.3.1　季铵盐催化剂对腐植酸磺化度的影响

为了考察季铵盐催化剂对腐植酸磺化效果的影响，笔者对其用量进行单因素影响实验研究，结果如图 4.1 所示。从图 4.1 可看出，添加不同季铵盐催化剂后，催化剂对腐植酸磺化度的影响比较明显，腐植酸的磺化度都得到提高。这说明亲脂性的相转移催化剂的阳离子可以将磺化剂以离子对的形式转移到有机相中，使腐植酸与磺化剂有充足的反应接触面，从而避免了反应物在质子溶剂中的溶剂化作用，促进腐植酸的磺化。

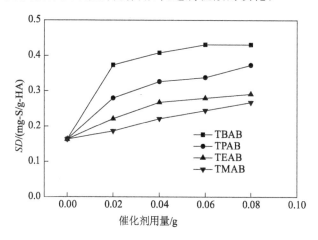

图 4.1　季铵盐相转移催化剂对腐植酸磺化度的影响
(超声功率：120 W；时间：30 min；硫酸浓度：0.98%)

季铵盐催化腐植酸磺化的合理机理可能如下：季铵盐催化剂先按照反应式(4.1)发生反应，将磺化剂带入有机相之后，再通过式(4.2)与式(4.3)进行萃取循环，在有机相中与磺化剂腐植酸按反应式(4.4)进行反应将腐植酸磺化，以上解释与 Nandurkar 等的解释类似。

$$Q^+Br(org) + H_2SO_4(aq) \longrightarrow Q^+HSO_4(org) + HBr(aq)$$
$$(4.1)$$

$$Q^+Br(org) + H_2SO_4(aq) \longrightarrow Q^+Br--HO--SO_3H(org)$$
$$(4.2)$$

$$Q^+Br(org) + H_2SO_4(aq) \longrightarrow Q^+Br--HBr(org) \quad (4.3)$$

$$(4.4)$$

在不同种类季铵盐催化剂的作用下，腐植酸的磺化度不一样，相较于其他季铵盐催化剂，四丁基溴化铵(TBAB)的催化效果最好。这四种催化剂对腐植酸的催化效果按所接基团长短顺序依次降低，即四丁基溴化铵的催化效果最好，四丙基溴化铵(TPAB)次之，四乙基溴化铵(TEAB)再次之，四甲基溴化铵(TMAB)最差。这与 Zhao 等的研究中所述相吻合，原因可能是四甲基溴化铵、四乙基溴化铵和四丙基溴化铵的亲脂性较差，难以溶入有机相，影响其催化效果，而四丁基溴化铵亲脂性较好，且其阴离子与阳离子具有较好的离解能力，因此表现出较好的催化效果。由于四丁基溴化铵的阳离子中心——氮原子连接了四个对称的丁基，保证其离子对在有机相中有较大的萃取常数和足够的溶解度，且正电荷被包裹得较为严实，使它与携带磺化活性组分的负离子的结合不太牢固，裸露程度较大导致其自由度较大,易于与磺化剂发生反应。

如表 4.2 所示,在季铵盐催化剂中,四丁基溴化铵的阳离子半径最大,相较于其他季铵盐,更容易与磺化剂硫酸通过氢键形成络合物而发挥其催化作用。以四丁基溴化铵为催化剂时,腐植酸的磺化度先显著提高,随着其添加量的增加,腐植酸的磺化度并没有明显提高,这是因为添加太多相转移催化剂四丁基溴化铵后,容易造成有机相与水相乳化,使其催化效果不再明显,还会导致产物分离效果变差。

表 4.2　季铵盐催化剂的可用半径

催化剂	TMAB	TEAB	TPAB	TBAB
$r(Q^+)/nm$	0.285	0.348	0.401	0.437

4.3.2　硫酸浓度对腐植酸磺化度的影响

通过以上实验可以发现四丁基溴化铵的催化效果较好,因此以四丁基溴化铵为催化剂,改变磺化剂硫酸的浓度进行实验。硫酸浓度对腐植酸磺化度的影响如图 4.2 所示。从图 4.2 可以看出,硫酸的浓度是影响腐植酸能否被磺化的一个重要因素,当硫酸浓度较低时,即使有超声波的作用,腐植酸也未能被磺化,当硫酸浓度增大到一定程度时,腐植酸开始被磺化并随着硫酸浓度的增大,腐植酸的磺化度也相应提高。原因可能是硫酸浓度很低时,相转移催化剂四丁基溴化铵与硫酸形成的离子对转移到有机相中的量还不足以发生反应式(4.4)的反应,而当硫酸浓度为 0.98% 时,相转移催化剂四丁基溴化铵可以与更多的硫酸形成离子对,从而将腐植酸转移到有机相中,使反应式(4.4)的反应容易发生。

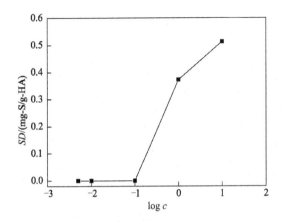

图 4.2　硫酸浓度对腐植酸磺化度的影响
（超声功率：120 W;时间：30 min;TBAB：0.02 g）

4.3.3　超声参数对腐植酸磺化度的影响

　　超声波是一种弹性机械波,与电、磁、光等一样,是一种物理能量形式,它具有聚束、反射和透射等特性,其主要应用于检测超声和功率超声。检测超声介质微粒的振动幅度较小,而功率超声则是利用能量来改变所用材料的某些状态和特性,本书将功率超声应用于腐植酸的磺化研究。超声波技术作为一种物理手段和工具,能够在水中产生一系列急剧放电、局部高温和瞬间高压等近于极端的条件。在极端条件下,溶液产生超声空化后,进入空化泡中的水蒸气在高温高压下会发生分裂,产生 ·OH 自由基,它几乎可以与所有的物质发生反应,所以存在于超声场中的有机物可以在空化作用下迅速发生化学反应。疏水性、易挥发的有机物可进入空化泡内进行类似燃烧化学反应的热解反应,而亲水性、难挥发的有机物则在空化泡气液界面上或在水溶液中与 ·OH 自由基进行氧化反应。当超声波入射于两种不同声阻抗率的媒质界面时,动量发生变化,产生辐照压力,对介质粒子如腐植酸大分子可能产生撕裂作用,即引起腐植酸大分子的移动或转动,当这种运动幅度足够大时就能引起腐植酸分子损伤。另外,超声波是一种纵波,在传递过程中可引起介质质点在原点的上下振动,虽然振动的位移和速度不大,但加速度却很大,与入射声波频率的平方成正比,这种超过重力加速度数万倍的加速度可对介质造成强大的机械效应,甚至破坏介质,使物质分子结构中的化学键断裂等。

　　本书分别从超声功率和超声作用时间来考虑超声对硫酸磺化腐植酸的影响。超声功率是功率超声中常用的能量衡量因子,高功率通常能带来较快的化学反应速度和较快的分子破损;但同时能量的消耗也相应上升,而且超声功率提高还存在饱和效应,当功率达到一定程度时进一步提高功率对于反应并没有帮助。笔者设置 6 组实验,其中 1 组为对照组,其他 5 组用 40 kHz 超声处理,超声功率分别为 30,60,90,120,150 W,作用时间都是 30 min,超声功率对腐植酸磺化度的影响如图 4.3 所示。从图 4.3 可以看出,与对照组无超声作用相比,给予超声作用后腐植酸的磺化度得到了提高,并且超声功率越大,磺化效果越明显,当超声功率增大到一定程度后,腐植酸的磺化度就不再明显提高了。

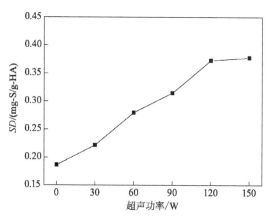

图 4.3　超声功率对腐植酸磺化度的影响
（硫酸浓度: **0.98％**;时间: **30 min**;TBAB: **0.02 g**）

任何一个反应过程,都需要一定的作用时间,作用时间的长短是一个重要影响因素,因为作用时间的长短决定处理设备单位时间内所能处理的物质量,同时也决定运行费用和反应设备的大小,以及反应设备的投资额。在硫酸浓度为 0.98%、超声功率为 120 W、相转移催化剂 TBAB 加入量为 0.02 g 条件下,分别考察了超声作用时间为 15,30,60,90,120 min 的腐植酸的磺化实验,结果如图 4.4 所示。从图 4.4 可以看出,超声作用时间对腐植酸磺化度的影响比较明显。因为超声作用时间较长时,更多的腐植酸被超声降解成含有醌类的小分子结构,从而使其更容易发生反应式(4.4)的反应,提高腐植酸的磺化度。超声降解腐植酸可能有两种机理:一是直接在空化气泡内降解腐植酸;二是先将腐植酸破碎后再降解。无论是哪一种机理,都需要一定的作用时间,因此延长超声作用时间有助于腐植酸磺化度的提高。

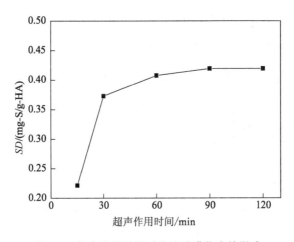

图 4.4　超声作用时间对腐植酸磺化度的影响
(硫酸浓度:0.98%;超声功率:120 W;TBAB:0.02 g)

4.3.4　磺化工艺条件的优化分析

以上讨论了各单因素对腐植酸磺化度的影响,为了进一步获得最佳工艺条件,以硫酸为磺化剂,并添加相转移催化剂四丁基溴化铵,在超声波辅助作用下,针对腐植酸磺化改性进行正交实验研究。对磺化温度、超声功率、超声作用时间和催化剂添加量进行正交优化组合,按照无交互作用的五个因素四水平(见表 4.3)进行设计,采用 $L_{16}(4^5)$ 正交表,实验方案见表 4.4,其中有一空列,可以作为实验误差以衡量实验的可靠性。其他实验条件为硫酸浓度 0.98%,腐植酸 0.2 g。在不同实验条件下完成腐植酸的磺化后,测定腐植酸的磺化度,结果见表 4.5。

表 4.3　因素及水平

水平	因素			
	A 磺化温度/℃	B 超声功率/W	C 超声作用时间/min	D 催化剂量/g
I	25	30	30	0.02
II	45	60	60	0.04
III	65	90	90	0.06
IV	85	120	120	0.08

表 4.4　$L_{16}(4^5)$ 正交表

试验号	A 磺化温度/℃	B 超声功率/W	C 超声作用时间/min	D 催化剂量/g	E 空列
1	I	II	III	III	II
2	II	IV	I	II	II
3	III	IV	III	IV	III
4	IV	II	I	I	III
5	I	III	I	IV	IV

试验号	A 磺化温度/℃	B 超声功率/W	C 超声作用时间/min	D 催化剂量/g	E 空列
6	II	I	III	I	IV
7	III	I	I	III	I
8	IV	III	III	II	I
9	I	I	IV	II	III
10	II	III	II	III	III
11	III	III	IV	I	II
12	IV	I	II	IV	II
13	I	IV	II	I	I
14	II	II	IV	IV	I
15	III	II	II	II	IV
16	IV	IV	IV	III	IV

表 4.5 试验结果分析表

试验号	A 磺化温度/℃	B 超声功率/W	C 超声作用时间/min	D 催化剂量/g	E 空列	磺化度/（mg-S/g-HA)
1	I	II	III	III	II	0.326 20
2	II	IV	I	II	II	0.384 45
3	III	IV	III	IV	III	0.396 10
4	IV	II	I	I	III	0.407 75
5	I	III	I	IV	IV	0.384 45
6	II	I	III	I	IV	0.337 85
7	III	I	I	III	I	0.372 80
8	IV	III	III	II	I	0.372 80
9	I	I	IV	II	III	0.302 90
10	II	III	II	III	III	0.384 45
11	III	III	IV	I	II	0.361 15

续表

试验号	A 磺化温度/℃	B 超声功率/W	C 超声作用时间/min	D 催化剂量/g	E 空列	磺化度/(mg-S/g-HA)
12	IV	I	II	IV	II	0.349 50
13	I	IV	II	I	I	0.407 75
14	II	II	IV	IV	I	0.326 20
15	III	II	II	II	IV	0.349 50
16	IV	IV	IV	III	IV	0.372 80
K_1	1.421 30	1.363 05	1.549 45	1.514 50	1.479 55	
K_2	1.432 95	1.409 65	1.491 20	1.409 65	1.421 30	
K_3	1.479 55	1.502 85	1.432 95	1.456 25	1.491 20	
K_4	1.502 85	1.561 10	1.363 05	1.456 25	1.444 60	
k_1	0.355 325	0.340 763	0.387 363	0.378 625	0.369 888	
k_2	0.358 238	0.352 413	0.372 8	0.352 413	0.355 325	
k_3	0.369 888	0.375 713	0.358 238	0.364 063	0.372 8	
k_4	0.375 713	0.390 275	0.340 763	0.364 063	0.361 15	
极差 R	0.020 39	0.049 51	0.046 60	0.026 22	0.017 47	
因素主次顺序		B>C>D>A				
优水平	A_4	B_4	C_1	D_1		

根据极差大小,可以判断出影响因素的主次顺序,极差越大表示该因素的水平变化对实验指标的影响越大、因素越重要。从表 4.5 可以看出,因素影响主次顺序为 B>C>D>A,B 因素超声功率的影响最重要,这也与前文的单因素实验结果相吻合,而 C 因素超声作用时间的影响次之,D 因素催化剂添加量再次之,A 因素温度则是最不重要的因素。图 4.5 为各因素指标趋势图。由图 4.5 可以直观地看出各因素水平波动的关系,其中磺化

温度与超声功率对腐植酸的磺化起正效应作用,且超声功率对腐植酸磺化的影响尤为显著;超声作用时间却对腐植酸的磺化起负效应作用,这可能是因为超声作用时间太长会将腐植酸降解为其他小分子酸,而影响其被磺化。综合各因子效应分析,用相转移催化剂四丁基溴化铵进行腐植酸磺化的优选方案:超声功率为 120 W,超声作用时间为 30 min,四丁基溴化铵添加量为0.02 g,磺化温度控制在 85 ℃ 为佳。

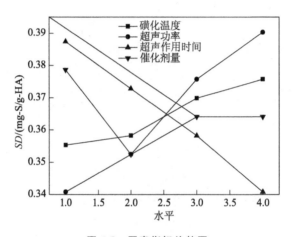

图 4.5 因素指标趋势图

4.3.5 产物分析

对硫酸磺化腐植酸的反应生成物进行分析,可以进一步了解腐植酸磺化的机理,因此对反应产物进行 FTIR、拉曼光谱及XPS 等分析。

图 4.6 是腐植酸磺化产物的红外光谱图。比较腐植酸磺化前后的红外光谱图可以发现:在基团频率区 2 962,2 602,2 488 cm^{-1} 处新出现三处峰,其中 2 962 cm^{-1} 处的峰可能是由甲基伸缩振动引起,2 602 cm^{-1} 处的峰可能是由 C=O 伸缩振动引起,2 488 cm^{-1} 处的峰可能是由—OH 变形振动引起。原有的

1 712 cm^{-1} 与 1 617 cm^{-1} 处的峰则可能分别向高波数位移至 1 715 cm^{-1} 与 1 625 cm^{-1} 处；指纹区新出现的 1 177 cm^{-1} 处的峰可能是由磺酸盐 S=O 非对称伸缩振动引起，1 009 cm^{-1} 和 1 067 cm^{-1} 处的峰可能是由磺酸盐 S=O 在碳链不同位置上的对称伸缩振动引起，1 287 cm^{-1} 处的峰可能是 1 240 cm^{-1} 处的峰向高波数移动的结果，而 882，856，582 cm^{-1} 等处的峰则可能是由腐植酸不同芳环的 C—H 的变形振动引起。

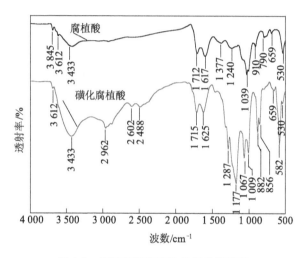

图 4.6　腐植酸磺化产物的红外光谱图

图 4.7 是腐植酸磺化产物的拉曼光谱图。比较腐植酸磺化前后的谱图可以发现，磺化产物在波数 997 cm^{-1} 和 1 113 cm^{-1} 处出现了尖锐的峰，这说明稀硫酸磺化腐植酸得到了新的产物。通过 XPS 谱图（图 4.8）进行进一步分析，从中可以发现磺化后的产物含有 Na 元素和 S 元素，这也证明有新的产物生成。

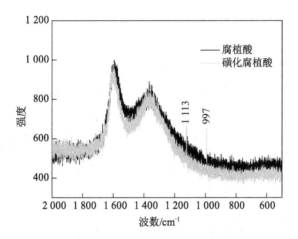

图 4.7 腐植酸磺化产物的拉曼光谱图

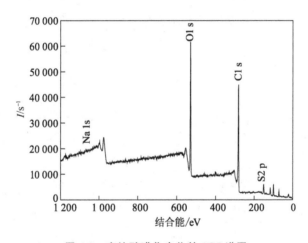

图 4.8 腐植酸磺化产物的 XPS 谱图

图 4.9 是腐植酸磺化产物中 S 2p 的 XPS 谱图及其拟合峰图。从图 4.9 可以看出,腐植酸磺化后的产物中所含磺酸形态的硫元素量较少,而且近 167 eV 与近 168 eV 处的峰归属于 R—SO₃—,相应各峰的归属见表 4.6,因此硫元素主要是以 R—SO₃—的形式存在于磺化产物中。这说明在有相转移催化

剂存在的条件下，腐植酸能被磺化，从而达到改善脱硫产物活性的目的，可以使脱硫产物的应用更为广泛。

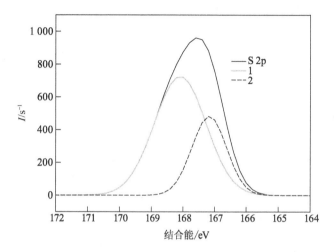

图 4.9　腐植酸磺化产物中 S 2p 的 XPS 谱图及其拟合峰图

表 4.6　腐植酸磺化产物的 XPS 谱图中 S 2p 数据及峰归属

峰号	峰位置/eV	差值/eV	I/s^{-1}	半峰宽/eV	高斯-洛仑兹比/%	峰面积/(eV·s^{-1})	占总面积的百分数/%	峰归属
1	168.09	1.30	642	1.92	90	495	69.1	R—SO$_3$—
2	167.17	0.00	561	1.29	90	221	30.9	R—SO$_3$—

图 4.10 是腐植酸磺化产物中高分辨率 C 1s 的 XPS 谱图及其拟合峰图。从图 4.10 可以看出，磺化产物中高分辨率 C 1s 的 XPS 谱图可由两个峰拟合而成，分别在近 288 eV 和近 290 eV 处，根据本章参考文献[20]和参考文献[21]，近 287.5 eV 处的峰归属于 C＝O，近 290 eV 处的峰归属于 O—C＝O，详细的 C 1s 归属见表 4.7。

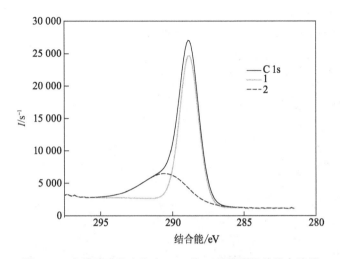

图 4.10　腐植酸磺化产物中 C 1s 的 XPS 谱图及其拟合峰图

表 4.7　腐植酸磺化产物的 XPS 谱图中 C 1s 数据及峰归属

峰号	峰位置/eV	差值/eV	I/s^{-1}	半峰宽/eV	高斯-洛仑兹比/%	峰面积/$(\text{eV} \cdot \text{s}^{-1})$	占总面积的百分数/%	峰归属
1	288.82	0.00	25 596	1.54	100	38 360.9	70.29	C=O
2	290.48	1.68	5 441	3.18	100	16 207	29.71	O—C=O

　　图 4.11 是腐植酸磺化产物中高分辨率 O 1s 的 XPS 谱图及其拟合峰图。从图 4.11 可以看出,腐植酸磺化产物中高分辨率 O 1s 的 XPS 谱图可由两个峰拟合而成,分别在近 534.49 eV 和近 535.31 eV 处,根据本章参考文献[22]和参考文献[23],产物中的氧元素主要以 O—C=O 与 R—SO_3H 形式存在,详细的 O 1s归属见表 4.8。

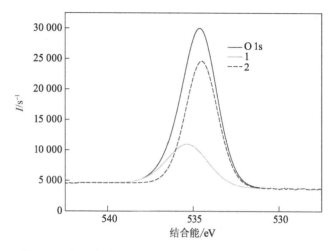

图 4.11　腐植酸磺化产物中 O 1s 的 XPS 谱图及其拟合峰图

表 4.8　腐植酸磺化产物的 XPS 谱图中 O 1s 数据及峰归属

峰号	峰位置/eV	差值/eV	I/s^{-1}	半峰宽/eV	高斯-洛仑兹比/%	峰面积/$(eV \cdot s^{-1})$	占总面积的百分数/%	峰归属
1	535.31	0.00	10 812	2.80	100	20 022	29.27	R—SO₃—
2	534.49	0.82	23 968	2.18	100	48 383	70.73	O—C=O

　　图 4.12 是腐植酸磺化产物中 Na 1s 的 XPS 谱图。从图 4.12可以看出,Na 元素的峰位在 1 071.2 eV,而 Na 的 1s 电子能谱峰是 XPS 特征峰,用于判断 Na 元素的价态。Na 1s 的结合能在 1 071.2 eV,参考谱图数据库及本章参考文献[24],判断腐植酸磺化产物内 Na 元素以 Na^+ 的形式存在,图 4.12 中出现的峰可能是 $NaSO_3R$ 的 XPS 峰。

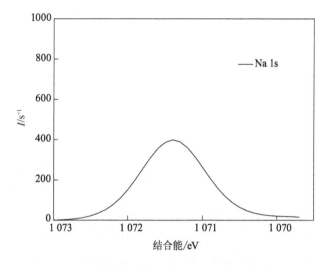

图 4.12   腐植酸磺化产物中 Na 1s 的 XPS 谱图

4.4   小结

　　本章使用稀硫酸与腐植酸在有相转移催化剂作用的条件下进行磺化实验研究,使用季铵盐作相转移催化剂时,四丁基溴化铵的催化效果最好,四丙基溴化铵次之,四乙基溴化铵再次之,四甲基溴化铵的催化效果最差。以四丁基溴化铵为相转移催化剂,当硫酸浓度为 0.98％时,四丁基溴化铵可以与更多的硫酸形成离子对,从而将硫酸转移到有机相中,有利于腐植酸的磺化。与对照组无超声作用相比较,给予超声作用后腐植酸的磺化度得到了提高,并且超声功率越大,磺化效果越明显;当超声功率增大到一定程度后,腐植酸的磺化度不再明显提高,而延长超声作用时间则有助于腐植酸磺化度的提高。通过设计正交实验得出:用相转移催化剂四丁基溴化铵进行腐植酸磺化的优选方案为超声功率 120 W,超声作用时间 30 min,四丁基溴化铵添加量 0.02 g,温度控制在 85 ℃。对反应产物进行了 FTIR、拉曼光谱及 XPS 等分析,进一步探索了在有相转移催化剂作用的条件下,稀硫酸对腐植酸的磺化机理。

参考文献

[1] 成绍鑫.腐植酸类物质概论[M].北京:化学工业出版社,2007.

[2] Wang C G,Zeng F G,Peng Z L,et al.Kinetic analysis of a pyrolysis process and hydrogen generation of humic acids of yimin lignite fusain using the distributed activation energy model [J].Acta Physico-Chimica Sinica,2012,28(1):25—36.

[3] Benz M,Schink B,Brune A.Humic acid reduction by Propionibacterium freudenreichii and other fermenting bacteria [J].Applied and Environmental Microbiology,1998,64(11):4507—4512.

[4] Visser S.Oxidation-reduction potentials and capillary activities of humic acids[J].Nature,1964,204:581.

[5] Schnitzer M,Preston C.Effects of acid hydrolysis on the 13C NMR spectra of humic substances [J].Plant and Soil,1983,75(2):201—211.

[6] Santoso U T,Nurmasari R,Umaningrum D,et al. Immobilization of humic acid onto chitosan using tosylation method with 1,4-butanediol as a spacer arm [J].Indonesian Journal of Chemistry,2012,12(1):35—42.

[7] Jia C,You C,Pan G.Effect of temperature on the sorption and desorption of perfluorooctane sulfonate on humic acid [J].Journal of Environmental Sciences,2010,22(3):355—361.

[8] 徐建明,吴建军,何艳. Functions of natural organic matter in changing environment[M]. 杭州：浙江大学出版社,2012.

[9] 张志明,许奎阳,张雅媛,等.氨化腐植酸精肥的研制和增产节肥效益[J].腐植酸,2011(6)：25—28.

[10] Park J H, Lamb D, Paneerselvam P, et al. Role of organic amendments on enhanced bioremediation of heavy metal(loid) contaminated soils [J]. Journal of Hazardous Materials,2011,185(2)：549—574.

[11] Li J G, Zhang G H, Liu L, et al. Synthesis and evaluation of sulfonated humic acid-acrylic acid graft copolymer applied as dispersant in coal-water slurry [J]. Advanced Materials Research,2012,581—582(1)：334—337.

[12] 郑平.煤炭腐植酸的磺化[J].腐植酸,1982(3)：1—5.

[13] 叶舟.分光光度法测定污泥中腐殖酸的含量[J].环境科学与技术,1989(1)：34—36.

[14] Nandurkar N S, Bhanushali M J, Jagtap S R, et al. Ultrasound promoted regioselective nitration of phenols using dilute nitric acid in the presence of phase transfer catalyst [J]. Ultrasonics Sonochemistry,2007,14(1)：41—45.

[15] Zhao D, Ren H, Wang J, et al. Kinetics and mechanism of quaternary ammonium salts as phase-transfer catalysts in the liquid-liquid phase for oxidation of thiophene [J]. Energy & Fuels,2007,21(5)：2543—2547.

[16] Sarvazyan A P, Rudenko O V, Swanson S D, et al. Shear wave elasticity imaging：a new ultrasonic technology of medical diagnostics [J]. Ultrasound in Medicine & Biology,

1998,24(9): 1419—1435.

[17] Chemat F, Teunissen P G M, Chemat S, et al. Sono-oxidation treatment of humic substances in drinking water [J]. Ultrasonics Sonochemistry,2001,8(3): 247—250.

[18] Jia J, Qu Y C, Gao Y, et al. Separation of lignin from pine-nut hull by the method of HBS and preparation of lignin-PEG-PAPI [J]. Applied Mechanics and Materials, 2013, 320: 429—434.

[19] Brunetti B, De Giglio E, Cafagna D, et al. XPS analysis of glassy carbon electrodes chemically modified with 8-hydroxyquinoline-5-sulphonic acid [J]. Surface and Interface Analysis,2012,44(4): 491—496.

[20] Jarvis K L, Majewski P J. Influence of film stability and aging of plasma polymerized allylamine coated quartz particles on humic acid removal [J]. ACS Applied Materials & Interfaces,2013,5(15): 7315—7322.

[21] Bai H, Xu Y X, Zhao L, et al. Non-covalent functionalization of graphene sheets by sulfonated polyaniline [J]. Chemical Communications,2009(13): 1667—1669.

[22] Rosenthal D, Ruta M, Schlögl R, et al. Combined XPS and TPD study of oxygen-functionalized carbon nanofibers grown on sintered metal fibers [J]. Carbon, 2010, 48 (6): 1835—1843.

[23] Deng Y, Zhao D, Chen X, et al. Long lifetime pure organic phosphorescence based on water soluble carbon dots [J]. Chemical Communications,2013,49(51): 5751—5753.

[24] Brisson P Y, Darmstadt H, Fafard M, et al. X-ray photoelectron spectroscopy study of sodium reactions in carbon cathode blocks of aluminium oxide reduction cells [J].Carbon, 2006,44(8): 1438－1447.

第 5 章

腐植酸钠/[CPL][TBAB]复合吸收剂
吸收二氧化硫研究

5.1　引言

　　离子液体(ionic liquids,ILs)是指室温或低温下为液体的盐,由带正电的离子和带负电的离子构成,通常在－10～20 ℃范围内均呈液体状,是一种新型离子化合物。在离子化合物中,阴阳离子之间的作用力为库仑力,其大小与阴阳离子的电荷数量及半径有关,离子半径越大,它们之间的作用力越小,离子化合物的熔点就越低。某些离子化合物的阴阳离子体积很大,结构松散,导致它们之间的作用力较低,以至于其熔点接近室温。离子液体一般具有无味、不燃且蒸气压极低的特性,可用于高真空体系中,可减少因挥发而产生的环境污染问题。它对有机物和无机物都有良好的溶解性能,可使化学反应在均相条件下进行,具有良好的热稳定性和化学稳定性,易与其他物质分离,可以循环利用,可减小设备体积,而且可操作温度范围宽,表现出 Lewis酸、Franklin 酸的酸性,酸强度可调节。上述这些优点使离子液体广泛应用于许多有机化学反应中,诸如偶联反应、迈克尔加成反应、Baylis-Hillman 反应、Diels-Alder 反应、缩合反应、环化反应、烷基化反应、酰基化反应和氧化还原反应等,其在传统有机合成单元中常作为一种绿色溶剂或催化剂。

将离子液体用作一种新型的二氧化硫吸收剂可以完全发挥其液态范围宽、溶解性好、蒸气压低、稳定性好、具有酸碱可调性、可循环使用等优点,因此有不少研究者进行了相关研究。例如,Wu 等首次报道了利用含胍官能团的功能化离子液体吸收二氧化硫的研究成果;Huang 等研究了利用 1,1,3,3-四甲基胍类离子液体吸收二氧化硫的效果,发现在室温条件下 1 mol 该离子液体可以吸收 2 mol 二氧化硫,通过加热可以很容易地将所吸收的二氧化硫几乎完全解吸出来;郭斌等对季铵盐类离子液体(己内酰胺-四丁基溴化铵离子液体[CPL][TBAB])脱除烟气中的二氧化硫进行研究,结果发现在常温常压时,1 mol 该离子液体选择性吸收 0.68 mol 二氧化硫,并且通过加热可以完全解析出所吸收的二氧化硫。此外,己内酰胺-四丁基溴化铵离子液体的制备方法简单,原料便宜易得,吸收后可有效再生循环使用,是一种绿色、经济型离子液体。笔者所在课题组对腐植酸钠溶液吸收二氧化硫进行了相对充分的研究,但是分析其吸收产物后发现,用作复合肥料的腐植酸并未被磺化。因此,为了能使产物具有较高的活性,本章使用腐植酸钠/[CPL][TBAB]复合吸收剂进行吸收二氧化硫的实验研究,以期获得一种有效的吸收剂,并能使吸收产物腐植酸得以磺化,获得更好的应用价值。

5.2　实验部分

5.2.1　实验化学试剂

己内酰胺(caprolactam,CPL,CAS 号:105-60-2),分子式为 $C_6H_{11}NO$,由上海晶纯试剂有限公司生产。四丁基溴化铵(tetrabutylammonium bromide,TBAB,CAS 号:1643-19-2),分

子式为 $C_{16}H_{36}BrN$,由国药集团试剂有限公司生产,分析纯。腐植酸钠(sodium humate)由上海晶纯试剂有限公司生产,纯度99%。乙醚购自上海凌峰试剂有限公司。

所有试剂使用前均未进一步提纯,从超纯水系统得到的去离子水(电阻率≥18 MΩ·cm)用于配制所有的水溶液。

5.2.2　实验仪器与设备

本实验所用的仪器与设备见表 4.1。模拟烟气脱硫实验装置如图 3.2 所示。该实验装置由配气单元、反应单元、气体净化单元和测试单元组成。配气单元由氮气气瓶、氧气气瓶、二氧化硫气瓶、减压阀与转子流量计组成。反应单元由恒温水浴、鼓泡反应器及阀门组成。气体净化单元由固体吸收剂箱与碱性液体吸收罐组成。测试单元由德图 XL-350 烟气分析仪及电脑组成。

5.2.3　实验过程

首先按照本章参考文献[18]提及的[CPL][TBAB]离子液体制备方法,将己内酰胺与四丁基溴化铵按照摩尔比 1∶1 混合,然后在恒温水浴中加热 24 h,恒温水浴温度控制在 85 ℃。待产物冷却至室温后用乙醚提纯。然后,将腐植酸钠与[CPL][TBAB]离子液体按一定比例配制复合吸收剂后,置入反应单元的鼓泡反应器中,将二氧化硫用载气氮气稀释到实验用含量约 $2\,000\times10^{-6}$,在混合气体罐内与氧气充分混合,混合气体流入反应单元内进行反应,最后经气体净化单元净化后排入大气。整个实验过程中,在反应单元与气体净化单元之间采用德图 XL-350 烟气分析仪实时监测混合气体中二氧化硫的含量。

5.2.4　分析方法

① FIRT 分析:利用傅里叶变换红外光谱仪(EQUINOX 55,德国 BRUKER 公司)对各吸收产物进行红外光谱分析,样品采用 KBr 压片制样,测试样品与 KBr 的质量比约为 1∶100。

② XRD 分析：采用 Rigaku(D/max-2200/PC 型)X 射线衍射仪分析吸收产物的结构，测试条件为 Cu 靶，Kα 辐射；X 射线管电压：40 kV；X 射线管电流：20 mA；扫描方式：连续扫描；扫描速度：5°/min；采样间隔：0.02 s；停留时间：1 s；衍射狭缝(DS)：10；发散狭缝(SS)：1/2；接收狭缝(RS)：0.3 mm。

③ X 射线光电子能谱(XPS)分析：采用 Perkin Elmer PHI 5000 ESCA X 射线光电子能谱仪对吸收产物进行分析，激发源为 Mg Kα，工作电压为2.95 eV，功率为 250 W，固定分析器通能为 93.9 eV。测试时，分析室的压力为 1.33×10^{-9} Pa，样品的荷电效应用污染碳 C 1s=284.6 eV 校正。

5.3 结果与讨论

5.3.1 吸收机理分析

根据 Green 等提出的关于腐植酸钠吸收二氧化硫的机理，对腐植酸钠/[CPL][TBAB]复合吸收剂吸收二氧化硫的机理进行分析与探讨，过程中发生的物理、化学反应如下所示：

$$SO_2(g) \longrightarrow SO_2(aq) \tag{5.1}$$

$$SO_2(aq) + H_2O \longrightarrow HSO_3^- + H^+ \tag{5.2}$$

$$HSO_3^- \rightleftharpoons H^+ + SO_3^{2-} \tag{5.3}$$

$$HA\text{-}Na + H^+ \longrightarrow HA\downarrow + Na^+ \tag{5.4}$$

$$HA + NaHSO_3 \longrightarrow SHA \tag{5.5}$$

$$2SO_3^{2-} + O_2 \longrightarrow 2SO_4^{2-} \tag{5.6}$$

在腐植酸钠/[CPL][TBAB]复合吸收剂吸收二氧化硫的过程中，混合气体中的二氧化硫首先溶入吸收剂溶液发生溶解平衡和离子平衡，生成 HSO_3^-、SO_3^{2-}、H^+ 等离子，然后 H^+ 与腐植酸钠上的羧基和羟基发生反应生成难溶的腐植酸。离子液体在反应过程中起催化作用，使 $NaHSO_3$ 作为亲核试剂与腐植酸片断上的苯环发生迈克尔加成反应,如图 5.1 所示,从而使腐植酸部分磺化成磺化腐植酸。离子液体作为催化剂已经应用于迈克尔加成反应,离子液体在这个体系中起双重作用,既是相转移催化剂(PTCs)又是反应溶剂,使 NaHSO$_3$ 与腐植酸发生类似于亚硫酸根与苯环上的醌基的 1,4-加成反应。此外,pH＝4～8 时,1,4-加成反应占主导地位,并且产物的量也相当可观,因此可以考虑利用此反应使腐植酸钠吸收二氧化硫的产物腐植酸磺化为磺化腐植酸。

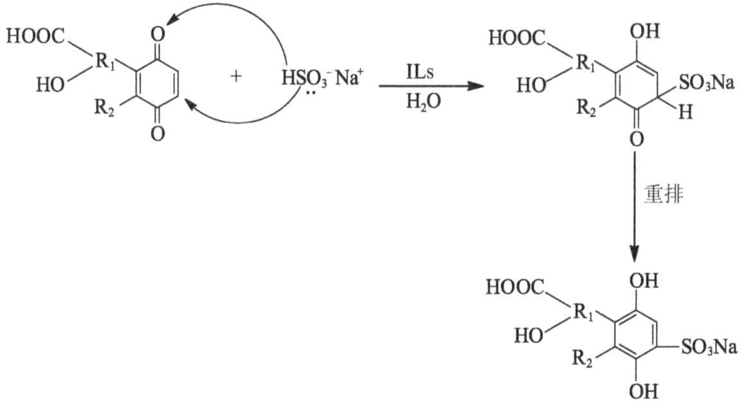

图 5.1　磺化机理分析图

5.3.2　腐植酸钠/[CPL][TBAB]复合吸收剂吸收二氧化硫的过程

　　腐植酸钠/[CPL][TBAB]复合吸收剂吸收二氧化硫的吸收效率按照式(2-1)计算,结果如图 5.2 所示。从图 5.2 可以看出,用腐植酸钠/[CPL][TBAB]复合吸收剂吸收含二氧化硫的混合气体时,其最大吸收效率要略高于单纯使用腐植酸钠吸收剂时的最大吸收效率,使用这两种吸收剂吸收二氧化硫都会经历一个先急速上升、再平缓一段时间、最后急速下降的过程,两者的区别在于上升或下降的快慢及平缓阶段的时间长短。使用腐植酸钠/[CPL][TBAB]复合吸收剂吸收二氧化硫时,吸收效率曲线在上升阶段的斜率要比仅用腐植酸钠吸收二氧化硫时的效率曲线大,这说明在[CPL][TBAB]离子液体存在的条件下,二氧化硫在吸收剂中更容易饱和。究其原因,可能是[CPL][TBAB]离子液体的存在导致反应式(5.4)发生,使吸收效率提高,由于[CPL][TBAB]离子液体的存在,导致其吸收二氧化硫的量减少。

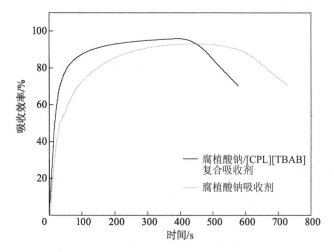

图 5.2　腐植酸钠/[CPL][TBAB]复合吸收剂吸收二氧化硫的曲线
(SO₂含量: $2\,000\times10^{-6}$;烟气流量: $0.12\ m^3/h$;
吸收剂量: 36 g;HA-Na 质量分数: 2.5%;O₂体积分数: 5%;温度: 25 ℃)

　　二氧化硫在腐植酸钠/[CPL][TBAB]复合吸收剂中的吸收是一个伴有化学反应的吸收过程。根据双膜理论,吸收过程包含如下几个步骤:① 二氧化硫气体由混合气体的气相主体通过气膜层向气液边界面扩散;② 二氧化硫在气液边界面溶解并进行反应,反应产物快速离解;③ 未反应完的二氧化硫由气液边界面向液膜内部进行扩散。用反应式表示,即式(5.1)的物理吸收,以及反应式(5.2)至反应式(5.6)。在 25 ℃无限稀释条件下,相关反应式的平衡常数见表 5.1。

表 5.1　无限稀释条件下各反应式的平衡常数(25℃)

反应式	平衡常数
$SO_2 + H_2O \rightleftharpoons H_2SO_3$	$k_{a0} = \dfrac{C_{H_2SO_3}}{C_{SO_2}} = 1.29$
$H_2SO_3 \rightleftharpoons H^+ + HSO_3^-$	$k_{a1}^* = \dfrac{C_{H^+} C_{HSO_3^-}}{C_{H_2SO_3}} = 8.5 \times 10^{-3}$
$H_2O + SO_2 \rightleftharpoons H^+ + HSO_3^-$	$k_{a1} = \dfrac{C_{H^+} C_{HSO_3^-}}{C_{SO_2}} = 1.1 \times 10^{-2}$
$HSO_3^- \rightleftharpoons H^+ + SO_3^{2-}$	$k_{a2} = \dfrac{C_{H^+} C_{SO_3^{2-}}}{C_{HSO_3^-}} = 6.31 \times 10^{-8}$
$H^+ + OH^- \rightleftharpoons H_2O$	$k_{a3} = 1.0 \times 10^{-14}$

Gianni 等应用增强因子大小来判断吸收控制步骤。所谓增强因子就是伴有化学反应时的液相传质系数与物理吸收时的液相传质系数之比,集中反映了化学反应对传质的影响。为了对吸收过程有更全面的了解,可通过对二氧化硫做物料衡算来研究用腐植酸钠/[CPL][TBAB]复合吸收剂吸收二氧化硫时的增强因子。增强因子大于 1,为化学吸收;增强因子等于 1,则为物理吸收。由物料衡算可知,二氧化硫的吸收速率 N_{SO_2} 等于边界面上通过反应消耗掉的二氧化硫生成的产物以及未反应的溶解态的二氧化硫向液膜内扩散的速率之和,即

$$N_{SO_2} = \left[-D_{SO_2L} \frac{dC_{SO_2}}{dx} - D_{H_2SO_3} \frac{dC_{H_2SO_3}}{dx} - D_{HSO_3^-} \frac{dC_{HSO_3^-}}{dx} - D_{SO_3^{2-}} \frac{dC_{SO_3^{2-}}}{dx} \right]_{x=0}$$

(5-1)

式中,D 表示扩散系数,C 表示浓度,下标 L 表示液相。

在液膜中,二氧化硫的反应量与其反应产物的增生量之间的关系为

$$D_{SO_2L}\frac{\partial^2 C_{SO_2}}{\partial x^2}+D_{H_2SO_3}\frac{\partial^2 C_{H_2SO_3}}{\partial x^2}+D_{HSO_3^-}\frac{\partial^2 C_{HSO_3^-}}{\partial x^2}+D_{SO_3^{2-}}\frac{\partial^2 C_{SO_3^{2-}}}{\partial x^2}=$$

$$\frac{\partial C_{SO_2}}{\partial t}+\frac{\partial C_{H_2SO_3}}{\partial t}+\frac{\partial C_{HSO_3^-}}{\partial t}+\frac{\partial C_{SO_3^{2-}}}{\partial t} \tag{5-2}$$

当连续稳定运行时,式(5-2)可以简化为

$$D_{SO_2L}\frac{\partial^2 C_{SO_2}}{\partial x^2}+D_{H_2SO_3}\frac{\partial^2 C_{H_2SO_3}}{\partial x^2}+D_{HSO_3^-}\frac{\partial^2 C_{HSO_3^-}}{\partial x^2}+D_{SO_3^{2-}}\frac{\partial^2 C_{SO_3^{2-}}}{\partial x^2}=0 \tag{5-3}$$

且微分方程的边界条件为

$x=0$:$C_{SO_2}=C_{SO_2 i}$;$C_{H_2SO_3}=C_{H_2SO_3 i}$;$C_{HSO_3^-}=C_{HSO_3^- i}$;$C_{SO_3^{2-}}=C_{SO_3^{2-} i}$

$x=\delta_L$:$C_{SO_2}=C_{SO_2 L}$;$C_{H_2SO_3}=C_{H_2SO_3 L}$;$C_{HSO_3^-}=C_{HSO_3^- L}$;$C_{SO_3^{2-}}=C_{SO_3^{2-} L}$

δ_L 表示反应膜厚度,下标 i、L 分别表示气相和液相。

由微分方程式(5-2)与式(5-3)根据边界条件可以得到:

$$N_{SO_2}=k_{LSO_2}\left[C_{SO_2 i}+\frac{D_{H_2SO_3}}{D_{SO_2 L}}C_{H_2SO_3 i}+\frac{D_{HSO_3^-}}{D_{SO_2 L}}C_{HSO_3^- i}+\frac{D_{SO_3^{2-}}}{D_{SO_2 L}}C_{SO_3^{2-} i}\right]$$

$$-k_{LSO_2}\left[C_{SO_2 L}+\frac{D_{H_2SO_3}}{D_{SO_2 L}}C_{H_2SO_3 L}+\frac{D_{HSO_3^-}}{D_{SO_2 L}}C_{HSO_3^- L}+\frac{D_{SO_3^{2-}}}{D_{SO_2 L}}C_{SO_3^{2-} L}\right] \tag{5-4}$$

式中,$k_{LSO_2}=\dfrac{dSO_2L}{\delta_L}$。

式(5-4)说明二氧化硫在腐植酸钠/[CPL][TBAB]复合吸收剂吸收系统中的吸收速率为二氧化硫和生成物在液膜中的扩散速率之和,用增强因子 ϕ 来表示,则有

$$N_{SO_2}=\phi \cdot k_{LSO_2}(C_{SO_2 i}-C_{SO_2 L})$$

式中,

$$\phi=1+\frac{D_{H_2SO_3}(C_{H_2SO_3 i}-C_{H_2SO_3 L})}{D_{SO_2 L}(C_{SO_2 i}-C_{SO_2 L})}+\frac{D_{HSO_3^-}(C_{HSO_3^- i}-C_{HSO_3^- L})}{D_{SO_2 L}(C_{SO_2 i}-C_{SO_2 L})}$$

$$+\frac{D_{SO_3^{2-}}(C_{SO_3^{2-} i}-C_{SO_3^{2-} L})}{D_{SO_2 L}(C_{SO_2 i}-C_{SO_2 L})} \tag{5-5}$$

考虑到液相中的分子或离子的扩散系数相差不大,因此式(5-5)中的各离子的扩散系数可以认为近似相等,则增强因子 ϕ 为

$$\phi=1+\frac{C_{H_2SO_3 i}-C_{H_2SO_3 L}}{C_{SO_2 i}-C_{SO_2 L}}+\frac{C_{HSO_3^- i}-C_{HSO_3^- L}}{C_{SO_2 i}-C_{SO_2 L}}+\frac{C_{SO_3^{2-} i}-C_{SO_3^{2-} L}}{C_{SO_2 i}-C_{SO_2 L}} \tag{5-6}$$

因此

$$\phi>1+\frac{C_{H_2SO_3 i}-C_{H_2SO_3 L}}{C_{SO_2 i}}+\frac{C_{HSO_3^- i}-C_{HSO_3^- L}}{C_{SO_2 i}}+\frac{C_{SO_3^{2-} i}-C_{SO_3^{2-} L}}{C_{SO_2 i}} \tag{5-7}$$

将表 5.1 中各反应式的平衡常数代入上式则得增强因子:

$$\phi>2.29+6.9\times10^{-10}C_{H^+ i}^{-2}+1.1\times10^{-2}C_{H^+ i}^{-1}$$

$$-(6.9\times10^{-10}C_{H^+ i}^{-2}+1.1\times10^{-2}C_{H^+ i}^{-1})\frac{C_{SO_2 L}}{C_{SO_2 i}} \tag{5-8}$$

在腐植酸钠/［CPL］［TBAB］复合吸收剂吸收二氧化硫的过程中,反应式(5.2)是瞬时反应,反应式(5.3)和反应式(5.4)是质子转移过程,此类吸收反应的控制步骤为扩散控制。开始吸收时吸收剂液相中 $C_{SO_2 L}=0$,且 pH$=10.2$,由式(5-8)可得: $\phi>6.9\times10^{10}$。按照 Gianni 等的判断方法,当增强因子 $\phi>50$ 时,吸收过程为气侧传质阻力控制;而当增强因子 $\phi<50$ 时,吸收过程转化为气液侧传质阻力共同控制。因此,刚开始二氧化硫的吸收过程为气侧传质阻力控制,随着二氧化硫吸收的进行,吸收剂液相中 $C_{SO_2 L}$ 逐渐增大,增强因子 ϕ 逐渐减小,当增强因子 $\phi<$

50 时,由式(5-8)可得:pH<3.6 时,腐植酸钠/[CPL][TBAB]复合吸收剂吸收二氧化硫的过程转化为气液侧传质阻力共同控制的过程。此分析与吸收过程中实测的 pH 正好相符,这说明使用腐植酸钠/[CPL][TBAB]复合吸收剂吸收二氧化硫的过程首先由气侧传质阻力控制,当 pH<3.6 时,转化为气液侧传质阻力共同控制。

研究腐植酸钠/[CPL][TBAB]复合吸收剂吸收二氧化硫的吸收过程发现,整个吸收过程可以分成三个阶段,其中第一和第二阶段是由气侧传质阻力控制的化学吸收过程,第三阶段则为由气液侧传质阻力共同控制的过程,此时体系已经不能吸收二氧化硫。因此只针对第一阶段和第二阶段进行分析,在这两个阶段内用单位体积传质速率定义的吸收速率可以表示为

$$r_{SO_2} = k_g a (P_{SO_2} - P_{SO_2}^*) \quad (5-9)$$

式中,$P_{SO_2}^*$ 是二氧化硫在吸收过程中的气液接触界面上的分压,kPa;P_{SO_2} 是混合气体气相主体中二氧化硫的分压,kPa;$k_g a$ 是吸收过程中的体积传质系数,mol/(L·s·kPa)。当 pH 值大于 4 时,二氧化硫在吸收剂内的溶解态几乎为零,因此,腐植酸钠/[CPL][TBAB]复合吸收剂吸收二氧化硫的吸收速率可以表示为

$$r_{SO_2} = k_g a P_{SO_2} \quad (5-10)$$

此外,吸收剂液相中吸收的二氧化硫总含量 C_t 随时间的变化即为二氧化硫的吸收速率,所以有

$$\frac{dC_t}{dt} = r_{SO_2} = k_g a P_{SO_2} \quad (5-11)$$

根据初始条件 $t=0$ 时,$C_t=0$,对式(5-11)积分可得:

$$C_t = k_g a P_{SO_2} t \quad (5-12)$$

从式(5-12)可以发现,腐植酸钠/[CPL][TBAB]复合吸收剂吸收的二氧化硫总含量与时间呈线性关系,在吸收效率曲线

中则表现为快速上升阶段和平缓阶段。

5.3.3 腐植酸钠/[CPL][TBAB]复合吸收剂中腐植酸钠的含量对吸收效率的影响

为了考察腐植酸钠/[CPL][TBAB]复合吸收剂中腐植酸钠含量对吸收二氧化硫效率的影响,笔者在温度 T 为 25 ℃、混合气体流量 Q 控制在 0.12 m^3/h,进气中二氧化硫的含量约为 $2\,000\times10^{-6}$、[CPL][TBAB]离子液体质量分数为 5% 的条件下,改变腐植酸钠在腐植酸钠/[CPL][TBAB]复合吸收剂中的质量分数,进行单因素影响实验研究,结果如图 5.3 所示。此处的吸收效率是腐植酸钠/[CPL][TBAB]复合吸收剂在混合气体流量控制在 0.12 m^3/h 时的最大吸收效率,从图 5.3 可以看出,腐植酸钠/[CPL][TBAB]复合吸收剂中腐植酸钠含量对最大吸收效率有一定影响,腐植酸钠的含量越高,对二氧化硫的最大吸收效率越高。相应地,腐植酸钠/[CPL][TBAB]复合吸收剂中腐植酸钠的含量越高,吸收时间也越长,而且吸收时间增加明显。这说明在此吸收过程中,在温度、混合气体流量和入口二氧化硫含量保持不变的情况下,二氧化硫的吸收效率变化不大,腐植酸钠/[CPL][TBAB]复合吸收剂中腐植酸钠的初始含量只影响单位体积复合吸收剂对二氧化硫的吸收量。

图 5.4 是不同腐植酸钠含量的腐植酸钠/[CPL][TBAB]复合吸收剂吸收二氧化硫前后的 pH 值。从图 5.4 可以看出,复合吸收剂中腐植酸钠的含量不同时,pH 值也相应改变,具体是随腐植酸钠质量分数从 0 增加到 4%,腐植酸钠/[CPL][TBAB]复合吸收剂的 pH 值相应地从 6.9 增加到 10.3;饱和吸收二氧化硫后,腐植酸钠/[CPL][TBAB]复合吸收剂的 pH 值均保持在 2~2.1。根据以上实验数据分析可以得出,腐植酸钠/[CPL][TBAB]复合吸收剂中腐植酸钠的含量越高,越有利于对二氧化硫的吸收。

鉴于腐植酸钠的溶解度有一定限度,因此不可能一直增大腐植酸钠在腐植酸钠/[CPL][TBAB]复合吸收剂中的含量。

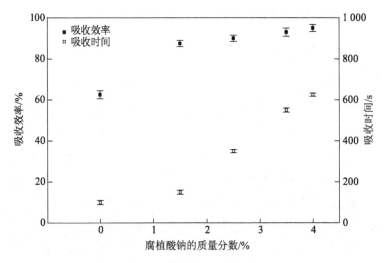

图 5.3 腐植酸钠/[CPL][TBAB]复合吸收剂中腐植酸钠的含量对吸收效率及时间的影响(吸收剂量: 36 g;O_2 体积分数: 5%)

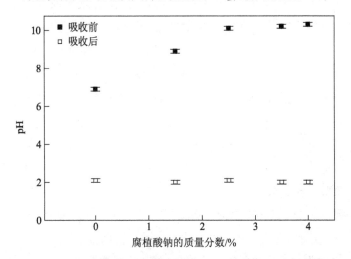

图 5.4 不同腐植酸钠含量的腐植酸钠/[CPL][TBAB]复合吸收剂吸收二氧化硫前后的 pH(吸收剂量: 36 g;O_2 体积分数: 5%)

5.3.4 腐植酸钠/[CPL][TBAB]复合吸收剂中[CPL][TBAB]离子液体的含量对吸收效率的影响

为了考察腐植酸钠/[CPL][TBAB]复合吸收剂中[CPL][TBAB]离子液体的含量对二氧化硫吸收效率的影响,笔者在温度 T 为 25 ℃、混合气体流量 Q 控制在 0.12 m^3/h、进气中二氧化硫的含量约为 $2\,000\times10^{-6}$、腐植酸钠的质量分数为 2.5% 的条件下,改变[CPL][TBAB]离子液体在腐植酸钠/[CPL][TBAB]复合吸收剂中的含量,进行单因素影响实验研究,结果如图 5.5 所示。由图 5.5 可知,二氧化硫的吸收效率随着离子液体在腐植酸钠/[CPL][TBAB]复合吸收剂中含量的增加而降低,吸收时间却随着离子液体在腐植酸钠/[CPL][TBAB]复合吸收剂中含量的增加先缩短再延长。究其原因,可能是离子液体的加入使腐植酸钠/[CPL][TBAB]复合吸收剂的初始 pH 减小,导致在同样的条件下对二氧化硫的吸收效率降低。腐植酸钠/[CPL][TBAB]复合吸收剂的初始 pH 如图 5.6 所示,其变化趋势与腐植酸钠/[CPL][TBAB]复合吸收剂对二氧化硫的吸收效率变化趋势基本一致,而腐植酸钠/[CPL][TBAB]复合吸收剂吸收二氧化硫后的 pH 基本维持在 2.1 左右。对于吸收时间,[CPL][TBAB]离子液体在腐植酸钠/[CPL][TBAB]复合吸收剂中的质量分数小于 10% 时,吸收时间随离子液体质量分数的降低而缩短,当离子液体的质量分数大于 10% 时,吸收时间则随离子液体质量分数的降低而延长。这是因为[CPL][TBAB]离子液体在腐植酸钠/[CPL][TBAB]复合吸收剂中的含量较低时,腐植酸钠/[CPL][TBAB]复合吸收剂中起吸收作用的主要成分是腐植酸钠;而当[CPL][TBAB]离子液体在腐植酸钠/[CPL][TBAB]复合吸收剂中的质量分数大于 10% 时,由于[CPL][TBAB]离子液体对二氧化硫有一定的吸收能力,复合吸收剂中起吸收作用的主要成

腐植酸钠复合吸收剂脱硫机制研究

分是[CPL][TBAB]离子液体,而且离子液体对二氧化硫的吸收主要是物理吸收,从而导致吸收时间延长。

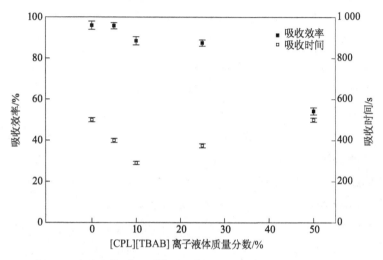

图 5.5　腐植酸钠/[CPL][TBAB]复合吸收剂中离子液体的含量
对吸收效率的影响(吸收剂量:36 g;O₂体积分数:5%)

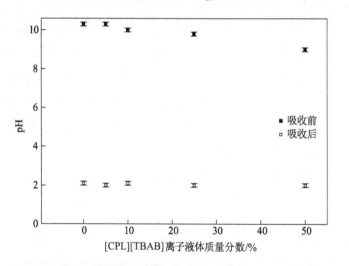

图 5.6　不同离子液体含量的腐植酸钠/[CPL][TBAB]复合吸收剂
吸收二氧化硫前后的 pH(吸收剂量:36 g;O₂体积分数:5%)

110

5.3.5　混合气体中氧气对腐植酸钠/［CPL］［TBAB］复合吸收 剂吸收效率的影响

在众多湿法脱硫工艺中,一般可以通过氧气来增强脱硫效果,主要采用强制氧化和自然氧化两种方式,两者的主要区别是是否在吸收剂溶液中鼓入强制氧化空气。此处仅考虑烟气中有剩余氧气存在的自然氧化工况条件,且氧气体积分数维持在一般烟气中的剩余氧气体积分数范围,通常是 5％左右。Hatta 准数通常被用于判断化学反应发生的快慢,一般用式(5-13)表示:

$$Ha = \frac{\left[\dfrac{2}{m+1} D_{O_2} k (C_{O_2}^*)^{m-1} C_{SO_3^{2-}}^n\right]^{1/2}}{K_L^0} \tag{5-13}$$

式中,Ha 为 Hatta 准数;m 为氧气的反应级数,取 0;n 为亚硫酸根的反应级数,取 2.0;K_L^0 为氧气的物理传质系数,在 25 ℃、一个大气压下,亚硫酸盐浓度为 0.1 mol/L 时,K_L^0 为 1.1×10^{-4} m/s;D_{O_2} 为氧气的扩散系数,取 2.6×10^{-9} m^2/s;k 为反应速率常数,取 4.55×10^{-2} L/(mol·s);$C_{O_2}^*$ 为氧气在气液界面的平衡浓度,在忽略气相阻力时为 1.22×10^{-4} mol/L。因此,通过式(5-13)可以得到在自然氧化条件下,用腐植酸钠/［CPL］［TBAB］复合吸收剂吸收二氧化硫时 Hatta 准数为 1.2(大于 1),这说明自然氧化过程中发生的反应能在液膜内完成,是一个快速反应过程。从图 5.7 可以发现,在模拟混合烟气中没有氧气存在时,吸收时间较长,相应吸收量也较多;在自然氧化条件下,二氧化硫的吸收效率高达 90％以上,比没有氧气存在时高很多,这也正是众多脱硫工艺需要氧化的原因。

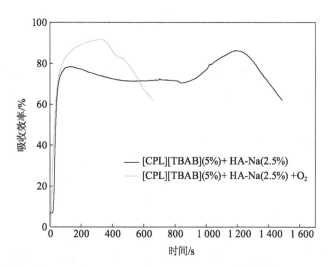

图 5.7　混合气体中氧气对腐植酸钠/[CPL][TBAB]复合吸收剂吸收效率的影响
(SO₂含量：2 000×10⁻⁶；气体流量：0.12 m³/h；吸收剂量：36 g；温度：25 ℃)

5.3.6　腐植酸钠/[CPL][TBAB]复合吸收剂温度对吸收效率的影响

　　在混合气体流量维持在 0.12 m³/h、二氧化硫含量约为 2 000×10⁻⁶、腐植酸钠/[CPL][TBAB]复合吸收剂量为 36 g 的条件下,吸收剂温度对复合吸收剂吸收二氧化硫的效率的影响如图 5.8 所示。总体来看,吸收效率曲线的形状基本类似,都是经历急速上升段后平缓达到最大吸收效率,然后缓慢下降,但其上升段曲线的斜率各不相同。按照吸收量的计算公式可得出吸收剂温度低时所吸收的二氧化硫量较大,这说明低温的腐植酸钠/[CPL][TBAB]复合吸收剂将有利于其对二氧化硫的吸收。

　　图 5.9 为吸收剂温度对体积传质系数 $k_g a$ 的影响。从图 5.9 可发现,在一定的混合气体流量下,体积传质系数 $k_g a$ 随复合吸收剂温度的升高而减小,这也与上面的分析一致。

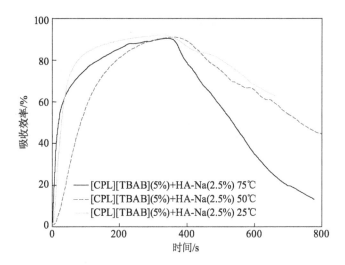

图 5.8 腐植酸钠/［CPL］［TBAB］复合吸收剂温度对吸收效率的影响
（吸收剂量：36 g；O_2 体积分数：5％）

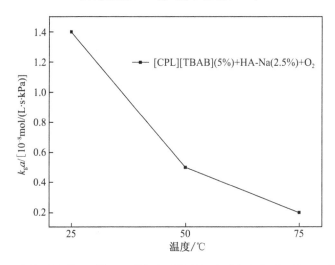

图 5.9 腐植酸钠/［CPL］［TBAB］复合吸收剂温度对体积传质系数 $k_g a$ 的影响
（吸收剂量：36 g；O_2 体积分数：5％）

5.3.7 超声作用对腐植酸钠/[CPL][TBAB]复合吸收剂吸收效率的影响

在混合气体流量为 0.12 m³/h、二氧化硫含量约为 2 000×10^{-6}、腐植酸钠/[CPL][TBAB]复合吸收剂量为 36 g 的条件下,分别进行有、无超声作用的对比实验,超声作用强度为 120 W/L,复合吸收剂的二氧化硫吸收效率曲线如图 5.10 所示。由图 5.10 可以发现,对比有、无超声作用存在的吸收效率曲线,第一阶段曲线基本吻合,在第二阶段出现差别,有超声作用时其吸收效率降低较多,一段时间之后再次与无超声作用时的吸收效率曲线接近。这可能是因为在吸收过程的第一阶段主要发生化学反应,反应在瞬间完成,因此超声作用对其影响不大。第二阶段主要是二氧化硫溶于吸收剂,然后发生化学反应,有超声作用时,超声波能够在水中产生一系列急剧放电、局部高温和瞬间高压等近于极端的条件,从而导致混合气体中溶解于复合吸收剂的二氧化硫减少,使得复合吸收剂吸收二氧化硫的效率下降。

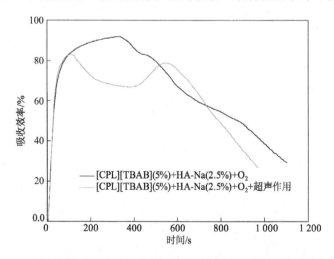

图 5.10 超声作用对腐植酸钠/[CPL][TBAB]复合吸收剂吸收效率的影响
(吸收剂量: 36 g;O_2 体积分数: 5%;温度: 25 ℃)

5.3.8　产物分析

为了能对腐植酸钠/[CPL][TBAB]复合吸收剂吸收二氧化硫有更充分的了解,笔者对吸收产物进行分析,进一步了解腐植酸钠/[CPL][TBAB]复合吸收剂吸收二氧化硫的机理。图 5.11 是不同离子液体含量的复合吸收剂吸收二氧化硫产物的红外光谱图。

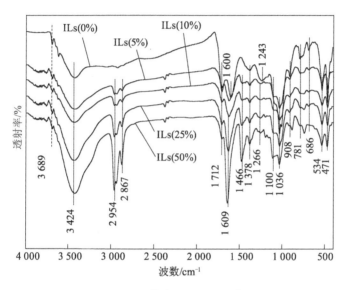

图 5.11　吸收产物的红外光谱图
(SO_2 含量: $2\,000 \times 10^{-6}$;气体流量: $0.12\ m^3/h$;吸收剂量: 36 g;
O_2 体积分数: 5%;HA-Na 质量分数: 2.5%;温度: 25 ℃)

在图 5.11 中对比未添加离子液体的吸收剂吸收二氧化硫后的产物发现,在基团频率区 $2\,954\ cm^{-1}$ 和 $2\,867\ cm^{-1}$ 处新出现两个峰,其中 $2\,954\ cm^{-1}$ 处的峰可能是由亚甲基与次甲基的 C—H 伸缩振动引起,$2\,867\ cm^{-1}$ 处的峰可能是由甲基伸缩振动引起;$1\,712\ cm^{-1}$ 处的峰依然存在,其一般是 C═O 的特征峰;$1\,600\ cm^{-1}$ 处的峰则向高波数位移至 $1\,609\ cm^{-1}$。在指纹区,在

1 466 cm^{-1}处新出现一窄峰,随着复合吸收剂中离子液体含量的增加,此峰逐渐增强。1 243 cm^{-1}处的峰则向高波数位移至 1 266 cm^{-1}。在指纹区新出现的 1 100 cm^{-1}处的峰可能是由磺酸盐 S=O 非对称伸缩振动引起,1 036 cm^{-1}处的峰可能是由磺酸盐 S=O 在碳链不同位置上的对称伸缩振动引起,而 908,781,686 cm^{-1}等处的峰则可能是由不同芳环的 C—H 的变形振动引起。从图 5.11 可以发现,所有样品都具有腐植酸类物质的基本特征峰,如 3 424,1 712,1 378 cm^{-1}等处的峰,各个特征峰具体归属如表 5.2 所示。

表 5.2 吸收产物的特征峰归属表

序号	归属	波数/cm^{-1}	
		腐植酸钠吸收 SO$_2$ 后的产物	腐植酸钠/[CPL][TBAB] 吸收 SO$_2$ 后的产物
1	羧基的伸缩振动	3 419	3 424
2	甲基的伸缩振动	2 850	2 867
3	亚甲基、次甲基的 C—H 伸缩振动	2 920	2 954
4	共轭酯键的吸收、酚酸的吸收及非共轭羰基 C=O 的伸缩振动	1 710	1 712
5	芳环骨架上 C=C 的伸缩振动	1 611	1 609
6	芳环骨架上 C=C 的伸缩振动	1 515	消失
7	—CH$_3$,—CH$_2$—的变形振动	1 463	1 466
8	芳环骨架上—CH—的伸缩振动	1 426	1 378
9	羟基的 C—O 拉伸	1 243	1 266
10	磺酸盐 S=O 非对称伸缩振动	无	1 100
11	磺酸盐 S=O 在碳链不同位置上的对称伸缩振动	1 080	1 036
12	芳环 C—H 的平面外弯曲	908	908
13	芳环 C—H 的平面外弯曲	781	781

续表

序号	归属	波数/cm^{-1}	
		腐植酸钠吸收 SO$_2$ 后的产物	腐 植 酸 钠/[CPL][TBAB]吸收 SO$_2$ 后的产物
14	芳环 C—H 的平面外弯曲	686	686
15	芳环 C—H 的平面外弯曲	534	534
16	芳环 C—H 的平面外弯曲	471	471

由表 5.2 可知,腐植酸钠/[CPL][TBAB]复合吸收剂吸收二氧化硫后的吸收产物与腐植酸钠吸收剂吸收二氧化硫后的吸收产物有较大的区别。为进一步研究吸收产物和磺化度,进行 XPS 测试,结果如图 5.12 所示,该图是 S 元素的 X 射线光电子能谱图。对图 5.12 的拟合峰进行分析可知,产物中的 S 元素一部分以磺酸的形式存在,这说明产物能被磺化,采用腐植酸钠/[CPL][TBAB]复合吸收剂可以有效地改善腐植酸产物的活性,从而提高其应用价值。

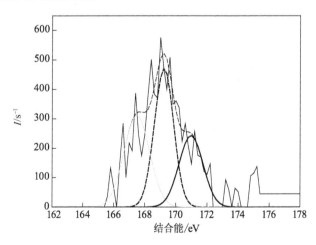

图 5.12　吸收产物 S 元素的 X 射线光电子能谱图

5.4　小结

通过对腐植酸钠/[CPL][TBAB]复合吸收剂吸收二氧化硫的过程进行研究发现,混合气体中的二氧化硫首先溶入吸收剂溶液中发生溶解平衡和离子平衡,生成 HSO_3^-、SO_3^{2-}、H^+ 等离子,然后 H^+ 与腐植酸钠上的羧基和羟基发生反应生成难溶的腐植酸,$NaHSO_3$ 作为亲核试剂与腐植酸片段上的苯环发生迈克尔加成反应,从而使腐植酸部分磺化成磺化腐植酸。在腐植酸钠/[CPL][TBAB]复合吸收剂吸收二氧化硫的过程中,反应式(5.2)是瞬时反应,反应式(5.3)和反应式(5.4)是质子转移过程,此类吸收反应的控制步骤为扩散控制。整个吸收过程可以分成三个阶段,其中第一和第二阶段是由气侧传质阻力控制的化学吸收过程,第三阶段则为由气液侧传质阻力共同控制的过程,此时体系已经不能吸收二氧化硫。此外,本章还研究了腐植酸钠及离子液体在复合吸收剂中的含量对吸收效率的影响,综合考虑二氧化硫的吸收效率及吸收时间发现,腐植酸钠质量分数为2.5％、离子液体质量分数为5％时吸收效果较好。

 参考文献

[1] Armand M, Endres F, MacFarlane D R, et al. Ionic-liquid materials for the electrochemical challenges of the future [J].Nature Materials,2009,8(8)：621－629.

[2] Kinchin G, Pease R. The displacement of atoms in solids by radiation [J].Reports on Progress in Physics,1955,18 (1)：1－51.

[3] Hamaguchi H O, Ozawa R.Structure of ionic liquids

and ionic liquid compounds: are ionic liquids genuine liquids in the conventional sense? [J]. Advances in Chemical Physics, 2005,131(85): 104.

[4] Sheldon R. Catalytic reactions in ionic liquids [J]. Chemical Communications,2001(23): 2399—2407.

[5] Mathews C J,Smith P J,Welton T.Palladium catalysed Suzuki cross-coupling reactions in ambient temperature ionic liquids [J].Chemical Communications,2000(14): 1249—1250.

[6] Roy S R,Chakraborti A K.Supramolecular assemblies in ionic liquid catalysis for aza-Michael reaction [J]. Organic letters,2010,12(17): 3866—3869.

[7] Jeong Y, Ryu J S. Synthesis of 1, 3-Dialkyl-1, 2, 3-triazolium ionic liquids and their applications to the Baylis-Hillman reaction [J].The Journal of Organic Chemistry,2010, 75(12): 4183—4191.

[8] Goodrich P, Hardacre C, Paun C, et al. Asymmetric carbon-carbon bond forming reactions catalysed by metal(II) bis(oxazoline) complexes immobilized using supported ionic liquids [J]. Advanced Synthesis & Catalysis, 2011, 353 (6): 995—1004.

[9] Xu D Z, Liu Y, Shi S, et al. A simple, efficient and green procedure for Knoevenagel condensation catalyzed by [C_4 dabco] [BF_4] ionic liquid in water [J].Green Chemistry,2010, 12(3): 514—517.

[10] Dzudza A, Marks T J. Efficient intramolecular hydroalkoxylation/cyclization of unactivated alkenols mediated by lanthanide triflate ionic liquids [J].Organic Letters,2009,11

(7): 1523—1526.

[11] Tang S, Scurto A M, Subramaniam B. Improved 1-butene/isobutane alkylation with acidic ionic liquids and tunable acid/ionic liquid mixtures [J]. Journal of Catalysis, 2009,268(2): 243—250.

[12] Antonia P, van Rantwijk F, Sheldon R A. Effective resolution of 1-phenyl ethanol by candida antarctica lipase B catalysed acylation with vinyl acetate in protic ionic liquids (PILs) [J].Green Chemistry,2012,14(6): 1584—1588.

[13] Mukai K, Asaka K, Hata K, et al. High-speed carbon nanotube actuators based on an oxidation/reduction reaction [J]. Chemistry: A European Journal, 2011,17(39): 10965—10971.

[14] Wu W, Han B, Gao H, et al. Desulfurization of flue gas: SO$_2$ absorption by an ionic liquid [J].Angewandte Chemie International Edition,2004,43(18): 2415—2417.

[15] Huang J,Riisager A,Wasserscheid P,et al.Reversible physical absorption of SO$_2$ by ionic liquids [J]. Chemical Communications,2006(38): 4027—4029.

[16] Guo B, Duan E, Ren A, et al. Solubility of SO$_2$ in caprolactam tetrabutyl ammonium bromide ionic liquids [J]. Journal of Chemical & Engineering Data,2009,55(3): 1398—1401.

[17] Sun Z, Zhao Y, Gao H, et al. Removal of SO$_2$ from flue gas by sodium humate solution [J].Energy & Fuels,2010, 24(2): 1013—1019.

[18] Zhao D S, Bao X L. Synthesis of eco-friendly ionic

liquids by microwave irradiation and their applications in michael addition [C]//The 3rd International Conference on Bioinfor-matics and Biomedical Engineering.IEEE,2009.

[19] Green J B, Manahan S E. Absorption of sulphur dioxide by sodium humates [J].Fuel,1981,60(6): 488—494.

[20] Youngblood M P. Kinetics and mechanism of the addition of sulfite to p-benzoquinone [J]. The Journal of Organic Chemistry,1986,51(11): 1981—1985.

[21] Chemat F, Teunissen P G M, Chemat S, et al.Sono-oxidation treatment of humic substances in drinking water [J]. Ultrasonics Sonochemistry,2001,8(3): 247—250.

第 6 章

腐植酸钠/［CPL］［TBAB］复合吸收剂
循环吸收二氧化硫研究

6.1 引言

通常湿法烟气脱硫系统处于整个电厂锅炉系统的末端,位于除尘系统之后,脱硫过程是在溶液中进行,主要的吸收剂及吸收产物均为湿态。目前,世界上已经成功开发并投入应用的湿法烟气脱硫技术主要有石灰石-石膏法、双碱法、海水法、氨吸收法及氧化镁法等。这些技术的共同特点是通过气液接触反应吸收烟气中的二氧化硫并脱除相应副产物,而吸收剂通常需要强制循环使用,直至其达到一定反应程度后,将部分吸收产物排出的同时再补充新鲜的吸收剂,以维持吸收塔内吸收剂浆液的 pH 值稳定。在湿法烟气脱硫的过程中,烟气始终保持连续从吸收塔通过,经除雾器除去液滴后经烟囱排放于大气中,吸收产物从吸收塔内排出,经脱水等工艺进一步处理后加以利用。为了进一步了解使用腐植酸钠/［CPL］［TBAB］复合吸收剂循环吸收二氧化硫的过程特征,本章将针对腐植酸钠/［CPL］［TBAB］复合吸收剂循环吸收二氧化硫进行相关实验研究,主要考察循环次数对腐植酸钠/［CPL］［TBAB］复合吸收剂吸收效率及吸收量的影响,同时还对循环吸收二氧化硫前后吸收液的 pH 值变化及循环吸收产物进行分析研究。

6.2　实验部分

6.2.1　实验化学试剂

己内酰胺(caprolactam,CPL,CAS 号：105-60-2),分子式为 $C_6H_{11}NO$,由上海晶纯试剂有限公司生产。四丁基溴化铵(tetrabutylammonium bromide,TBAB,CAS 号：1643-19-2),分子式为 $C_{16}H_{36}BrN$,由国药集团试剂有限公司生产,分析纯。腐植酸钠(sodium humate)由上海晶纯试剂有限公司生产,纯度99%。所有试剂使用前均未进一步提纯。从超纯水系统得到的去离子水(电阻率≥18 MΩ・cm)用于配制所有的水溶液。

6.2.2　实验仪器与设备

本实验所用的仪器与设备见表 4.1。模拟烟气脱硫实验装置如图 3.2 所示。该实验装置由配气单元、反应单元、气体净化单元和测试单元组成。配气单元由氮气气瓶、氧气气瓶、二氧化硫气瓶、减压阀与转子流量计组成。反应单元由恒温水浴、鼓泡反应器及阀门组成。气体净化单元由固体吸收剂箱与碱性液体吸收罐组成。测试单元由德图 XL-350 烟气分析仪及电脑组成。

6.2.3　实验过程

首先将去离子水、[CPL][TBAB]离子液体与腐植酸钠按37：2：1 的比例配制成 360 g 复合吸收剂,然后取 36 g 置入鼓泡反应器内,再将二氧化硫用载气氮气稀释到实验用含量约 2000×10^{-6},在混合气体罐内与氧气充分混合。混合气体流入反应系统的鼓泡反应器内进行反应,最后经气体净化单元净化后排入大气,待复合吸收剂吸收饱和后进行固液分离,分离出固体产物,此为第一次循环。将剩余的 324 g 腐植酸钠/[CPL]

[TBAB]复合吸收剂进行吸收二氧化硫反应,待吸收饱和后静置分离固液产物,将分离出的酸性液体用腐植酸钠中和后继续按照一定比例与[CPL][TBAB]离子液体及腐植酸钠配制复合吸收剂,用于下次循环。按照上述过程依次进行五次循环,在反应单元与气体净化单元之间采用德图 XL-350 烟气分析仪记录混合气体中二氧化硫的含量。

6.2.4 分析方法

① FIRT 分析:利用傅里叶变换红外光谱仪(EQUINOX 55,德国 BRUKER 公司)对各吸收产物进行红外光谱分析,样品采用 KBr 压片制样,测试样品与 KBr 的质量比约为 1∶100。

② XRD 分析:采用 Rigaku(D/max-2200/PC 型)X 射线衍射仪分析吸收产物的结构,测试条件为 Cu 靶,Kα 辐射;X 射线管电压:40 kV;X 射线管电流:20 mA;扫描方式:连续扫描;扫描速度:5°/min;采样间隔:0.02 s;停留时间:1 s;衍射狭缝(DS):10;发散狭缝(SS):1/2;接收狭缝(RS):0.3 mm。

③ 离子浓度分析:采用瑞士万通公司离子色谱仪(MIC)测试。

④ X 射线光电子能谱(XPS)分析:采用 Perkin Elmer PHI 5000 ESCA X 射线光电子能谱仪对吸收产物进行分析,激发源为 Mg Kα,工作电压为 2.95 eV,功率为 250 W,固定分析器通能为 93.9 eV。测试时,分析室的压力为 1.33×10^{-9} Pa,样品的荷电效应用污染碳 C 1s＝284.6 eV 校正。

6.3 结果与讨论

6.3.1 循环次数对腐植酸钠/[CPL][TBAB]复合吸收剂吸收二氧化硫效率的影响

腐植酸钠/[CPL][TBAB]复合吸收剂被用于吸收二氧化硫

工艺时,类似于普通的石灰石-石膏脱硫工艺过程,即在整个吸收过程中通过排出吸收产物并添加新鲜的复合吸收剂来实现整个工艺的高效、连续运行,因此,复合吸收剂的循环使用对工艺的可靠运行具有重要意义。循环次数对腐植酸钠/[CPL][TBAB]复合吸收剂吸收二氧化硫效率的影响如图 6.1 所示。从图 6.1 可以看出,随着循环次数的增加,腐植酸钠/[CPL][TBAB]复合吸收剂吸收二氧化硫的效率略微减小,从 96% 减小到 92%;而吸收时间却有较大的变化,从最初的 900 s 缩短至 250 s,这说明复合吸收剂中的液相成分循环使用 5 次后,吸收时间大为缩短。这是因为通过固液分离分离出固相物质磺化腐植酸后,液相中仍然含有较多的 Na^+ 及 SO_4^{2-},使反应式(5.4)的反应变缓直至停止,从而导致吸收二氧化硫的时间大幅缩短。通过以上分析可知,在使用腐植酸钠/[CPL][TBAB]复合吸收剂吸收二氧化硫时,为了得到较高的吸收效率,需要根据工艺要求在排出产物的同时及时补充或更换新鲜的复合吸收剂。

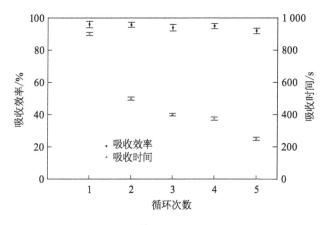

图 6.1　循环次数对腐植酸钠/[CPL][TBAB]复合吸收剂吸收二氧化硫效率的影响
(SO_2 含量: $2\,000\times10^{-6}$;气体流量: 0.12 m^3/h;吸收剂量: 36 g;
ILs 质量分数: 5%;HA-Na 质量分数: 2.5%;O_2 体积分数: 5%;温度: 25 ℃)

6.3.2 循环次数对腐植酸钠/[CPL][TBAB]复合吸收剂吸收二氧化硫前后 pH 值的影响

pH 值是溶液中氢离子活度的一种标度,也就是通常意义上溶液酸碱程度的衡量标准,它的范围为 0～14。在常温下(25 ℃),pH 为 7 时溶液呈中性;小于 7 时呈酸性,值越小,酸性越强;大于 7 时呈碱性,值越大,碱性越强。在 pH 的计算中,[H$^+$]指的是溶液中氢离子的物质的量浓度(有时也被写为[H$_3$O$^+$],即水合氢离子的物质的量浓度),在稀溶液中,氢离子活度约等于氢离子的浓度,可以用氢离子浓度来进行近似计算。在使用腐植酸钠/[CPL][TBAB]复合吸收剂循环吸收二氧化硫时,整个过程中复合吸收剂的 pH 值也在不断变化,即吸收剂中的氢离子浓度在发生变化,每次循环时复合吸收剂吸收二氧化硫前后的 pH 值如图 6.2 所示。从图 6.2 可以发现,随着循环次数的增加,复合吸收剂吸收前的 pH 值从 10.2 降低至 7.8,而吸收后的 pH 值则变化较小,基本维持在 2.1 左右,这说明腐植酸钠/[CPL][TBAB]复合吸收剂循环使用时,每次所能溶解的腐植酸钠的量逐步减少,使其初始 pH 值降低。由腐植酸钠/[CPL][TBAB]复合吸收剂循环吸收二氧化硫的机理可知,复合吸收剂吸收二氧化硫后,由于吸收剂中不断增加水合氢离子,使其 pH 值不断降低,但在每次循环吸收结束亦即吸收二氧化硫的量达到饱和时,吸收剂内的氢离子浓度达到极限,这与实验结果相一致。

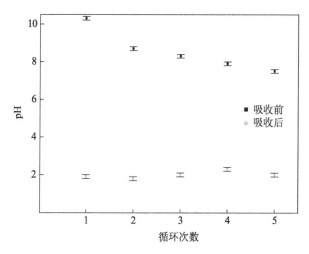

图 6.2　循环次数对腐植酸钠/[CPL][TBAB]复合吸收剂
吸收二氧化硫前后 pH 值的影响

6.3.3　循环次数对腐植酸钠/[CPL][TBAB]复合吸收剂吸收量的影响

为了考察腐植酸钠/[CPL][TBAB]复合吸收剂每次循环吸收二氧化硫的量,可通过每次循环的吸收曲线,按照式(6-1)计算吸收量,计算结果见图 6.3。

$$Q = \int_0^t \frac{(\eta \times q \times C_o \times m)}{22.4 \times 3\,600 \times 10^3} dt \qquad (6\text{-}1)$$

式中,Q 为吸收量;η 为吸收效率;q 为烟气体积流量;C_o 为烟气初始浓度;m 为吸收剂质量。

从图 6.3 可以看出,随着循环次数的增加,吸收剂的单次吸收量逐渐减少。这可能是因为复合吸收剂每次循环时的初始 pH 值逐渐降低,从而导致其能够吸收二氧化硫的量逐渐减少。此外,还可以从图中发现腐植酸钠/[CPL][TBAB]复合吸收剂吸收二氧化硫的量比单独使用腐植酸钠吸收剂吸收的量少,这可能是因为复合吸收剂中含有[CPL][TBAB]离子液体,复合吸收剂的初始 pH 值为 10.2,比腐植酸钠吸收剂的初始 pH 值(约为 10.8)低 0.6,导致其二氧化硫吸收量比腐植酸钠的少。随着循环次数的增加,两种吸收剂吸收二氧化硫的量趋于接近,这可能是因为在循环吸收的过程中加入的[CPL][TBAB]离子液体导致吸收生成的 Na^+ 及 SO_4^{2-} 对吸收产生的影响变小。

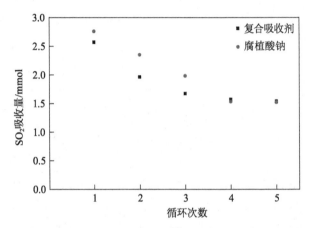

图 6.3 循环次数对腐植酸钠/[CPL][TBAB]复合吸收剂吸收二氧化硫量的影响
(SO₂含量:2 000×10⁻⁶;气体流量:0.12 m³/h;吸收剂量:36 g;
ILs 质量分数:5%;HA-Na 质量分数:2.5%;O₂体积分数:5%;温度:25 ℃)

6.3.4 循环次数对腐植酸钠/[CPL][TBAB]复合吸收剂吸收二氧化硫后的产物的影响

根据反应式(5.2)至反应式(5.6),腐植酸钠/[CPL][TBAB]复合吸收剂吸收二氧化硫后的产物主要有固相沉淀产物腐植酸以及液相内的 Na^+、SO_4^{2-}、SO_3^{2-} 等,具体形态如图 6.4 所示,其中,图 6.4d 的黑色粉末是从固相沉淀产物干燥而成的磺化腐植酸,其 XRD 图谱见图 6.5。从图 6.4 和图 6.5 可以看出磺化腐植酸表现为无定形物质,且随着循环次数的增加,某些峰位的衍射强度增强。图 6.4c 的白色粉末是从液相中经分离提取出的晶体,图 6.6 为白色粉末的 XRD 图谱,从图中可以看出衍射图的背底很平,只有在接近直射光的极低角度部分才迅速上升,由此可知白色粉末状样品是结晶良好的物质,经 X 射线衍射分析,其主要成分是 Na_2SO_4。

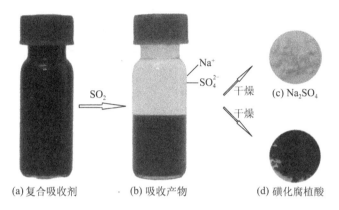

图 6.4　腐植酸钠/［CPL］［TBAB］复合吸收剂吸收二氧化硫后的产物

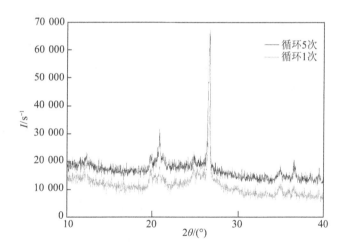

图 6.5　腐植酸钠/［CPL］［TBAB］复合吸收剂
吸收二氧化硫后固相沉淀产物的 XRD 图谱

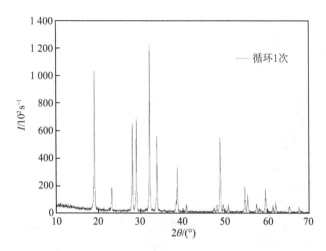

图 6.6　腐植酸钠/[CPL][TBAB]复合吸收剂
吸收二氧化硫后液相提取产物的 XRD 图谱

　　此外,笔者对液相产物进行了离子色谱分析,其分析结果如图 6.7 所示,该图反映了使用后的腐植酸钠/[CPL][TBAB]复合吸收剂液相中各种离子的质量浓度随循环次数变化的情况。从图 6.7 可以看出,Na^+、SO_4^{2-}、SO_3^{2-} 的质量浓度都随着循环次数的增加逐渐增大,其中 Na^+ 和 SO_4^{2-} 的质量浓度要远大于 SO_3^{2-} 的质量浓度,这说明液相中的产物主要是硫酸钠,而亚硫酸钠则相对较少。

　　根据反应式(5.2)可知,腐植酸钠/[CPL][TBAB]复合吸收剂在吸收二氧化硫的过程中会产生一定量的 HSO_3^-,因此采用本章参考文献[8]所提供的罗丹明基探针方法对循环中的 HSO_3^- 的量进行测定,结果如图 6.8 所示。从图 6.8 可以看出,单独使用腐植酸钠吸收剂时 HSO_3^- 的量最大,使用腐植酸钠/[CPL][TBAB]复合吸收剂时,HSO_3^- 的量随着循环次数的增加逐渐减少,这可以说明在使用复合吸收剂时部分 HSO_3^- 发生如图 5.1 所示的反应而被消耗,生成磺化腐植酸,循环次数越多，被消耗的 HSO_3^- 越多，因此吸收剂中 HSO_3^- 的量越少。

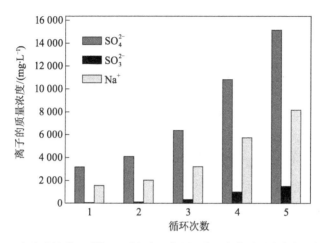

图 6.7　腐植酸钠/[CPL][TBAB]复合吸收剂吸收二氧化硫后的产物分析结果

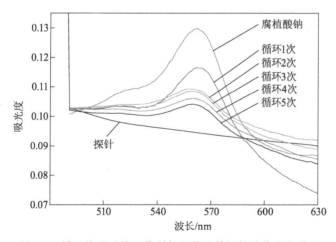

图 6.8　循环使用后的吸收剂与罗丹明基探针的紫外光谱图

　　在对腐植酸钠/[CPL][TBAB]复合吸收剂的液相产物进行分析后，进一步对固相沉淀产物进行 FTIR 及 XPS 等分析。图 6.9 是腐植酸钠/[CPL][TBAB]复合吸收剂吸收二氧化硫后的固相沉淀产物的红外光谱图,从图中可以发现固相沉淀产物具有磺化腐植酸的典型红外光谱图的特征峰。官能团区的 $3\ 689\ cm^{-1}$ 处尖锐的峰由 O—H 伸缩产生,$3\ 424\ cm^{-1}$ 处的峰由羟基伸缩振动产生,$2\ 954\ cm^{-1}$ 处的峰可能由亚甲基及次甲基的 C—H 伸缩振动产生,$2\ 867\ cm^{-1}$ 处的峰则由甲基的 C—H 伸缩振动产生,$1\ 712\ cm^{-1}$ 处的峰由共轭酯键的吸收、酚酸的吸收及非共轭羰基 C=O 的伸展振动产生,$1\ 609\ cm^{-1}$ 处的峰由芳环骨架上 C=C 的伸展振动产生,$1\ 466\ cm^{-1}$ 处的峰由—CH₃、—CH₂—的变形振动产生,$1\ 378\ cm^{-1}$ 处的峰由愈创木基环加 C=O的伸展振动产生,$1\ 266\ cm^{-1}$ 处的峰由羟基的 C—O 拉伸产生,$1\ 100\ cm^{-1}$ 处的峰由芳环 C—H 面内弯曲振动产生,$1\ 036\ cm^{-1}$ 处的峰由芳香磺酸基的伸缩振动产生,$908\ cm^{-1}$ 处的峰由芳环 C—H 面外弯曲振动产生,$781,686,534,471\ cm^{-1}$ 等处的峰则由芳环上的 C—H 伸缩振动产生。按照本章参考文

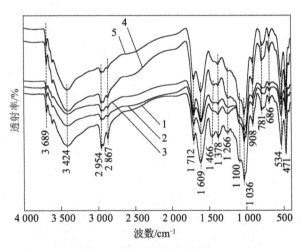

图 6.9　腐植酸钠/[CPL][TBAB]复合吸收剂吸收二氧化硫后的产物的红外光谱图

献[23],这些典型的红外吸收峰基本可以归因于:各种羟基和氨基,且多数含有氢键;脂肪族的基团和链;各种羰基,尤其是羧基,以及酮、醛、醌和酯;可能络合有羰基的芳香结构;烯键;酰胺;羧酸盐;酚和醇基;多糖;硅酸盐杂质和水等。通过以上分析可发现,固相沉淀产物磺化腐植酸的红外吸收峰的位置并未随循环次数的变化而改变,但是可以明显看出随着循环次数的增加,各个位置上的吸收峰的强度相应增强,这说明随着循环次数的增加,沉淀产物的磺化度也在相应增加。

　　为进一步研究腐植酸钠/[CPL][TBAB]复合吸收剂吸收二氧化硫的固相沉淀产物,分别对腐植酸钠吸收剂吸收二氧化硫的产物,以及使用腐植酸钠/[CPL][TBAB]复合吸收剂吸收二氧化硫时第一次与第五次循环的产物进行 XPS 分析。XPS分析可以分析除氢与氦以外的所有元素,并且相邻元素的同种能级谱线相隔较远,互相干扰较少,对元素的定性分析标识性较强,同时能观测到化学位移;此外,它还可以进行定量分析,测定元素的相对浓度,以及相同元素的不同氧化态下的相对浓度。因此通过 XPS 分析测定电子的结合能,对样品的表面元素进行定性与定量分析。腐植酸钠/[CPL][TBAB]复合吸收剂吸收二氧化硫后的固相沉淀产物的 XPS 测试结果如图 6.10所示,它是样品中所有元素的谱线图,结合能扫描范围是 0～1 100 eV,分辨率为 2 eV。从图 6.10 可以看出,腐植酸钠/[CPL][TBAB]复合吸收剂吸收二氧化硫后的固相沉淀产物中所含有的元素主要是 C、O、S、Na、Si 等,产物的成分分析见表 6.1。

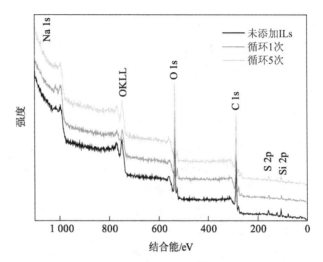

图 6.10　固相沉淀产物的 XPS 谱图

表 6.1　固相沉淀产物的成分分析　　　　　　　　%

固相沉淀产物	C	O	S	Na	Si	$-SO_3Na^+$
未添加 ILs	61.19	33.04	0	0	5.77	0
循环 1 次	71.12	23.84	0.33	0.14	3.25	1.18
循环 5 次	62.83	29.67	0.43	0.47	5.08	1.52

　　图 6.11 是固相沉淀产物中 S 2p 的 XPS 谱图及其拟合峰图,从图中可以看出,循环 1 次后的产物中所含磺酸形态的硫元素较少,在经历 5 次循环后,磺酸形态的硫元素得到有效增加,具体数值见表 6.2 与表 6.3,相应各峰的归属见表 6.4。167.3 eV 与 168.5 eV 处的峰为磺酸的特征峰,因此硫元素主要是以磺酸的形式存在于吸收产物中。这说明吸收二氧化硫后的产物能得以磺化,从而达到改善产物活性的目的,使脱硫产物的应用更为广泛。

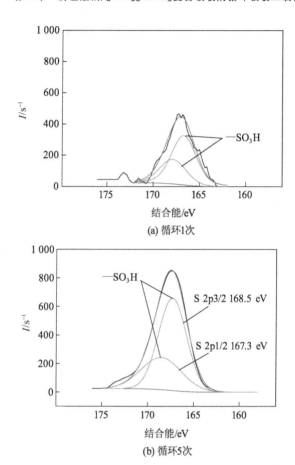

图 6.11　固相沉淀产物中 S 2p 的 XPS 谱图及其拟合峰图

表 6.2　1 次循环后固相沉淀产物的 XPS 谱图中 S 2p 数据

峰号	峰位置/eV	差值/eV	I/s^{-1}	半峰宽/eV	高斯-洛仑兹比/%	峰面积/($eV \cdot s^{-1}$)	占总面积的百分数/%
1	168.3	1.30	174	2.35	90	293	42.52
2	167.0	0.00	324	2.40	90	396	57.48

表 6.3 循环 5 次后固相沉淀产物的 XPS 谱图中 S 2p 数据

峰号	峰位置/eV	差值/eV	I/s^{-1}	半峰宽/eV	高斯-洛仑兹比/%	峰面积/($eV \cdot s^{-1}$)	占总面积的百分数/%
1	168.5	1.20	206	2.40	90	413	34.10
2	167.3	0.00	692	2.35	90	798	65.90

表 6.4 固相沉淀产物的 XPS 谱图中 S 2p 峰归属

固相沉淀产物	结合能/eV	峰面积占比/%	峰归属
循环 1 次	168.3	42.52	磺酸
	167.0	57.48	磺酸
循环 5 次	168.5	34.10	磺酸
	167.3	65.90	磺酸

图 6.12、图 6.13 和图 6.14 是腐植酸钠/[CPL][TBAB]复合吸收剂吸收二氧化硫后的固相沉淀产物中高分辨率 C 1s 的 XPS 谱图及其拟合峰图,从图中可以看出,固相沉淀产物中高分辨率 C 1s 的 XPS 谱图可由两个峰拟合而成,详细数据见表 6.5,两个峰分别在近 287.5 eV 和近 290.0 eV 处,根据本章参考文献 [25]和参考文献[26],近 287.5 eV 处的峰由 C=O 产生,近 290 eV 处的峰由 O—C=O 产生,详细的 C 1s 归属见表 6.6。

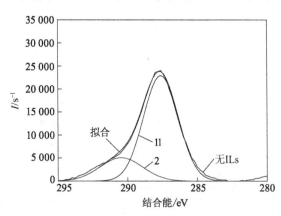

图 6.12 固相沉淀产物中 C 1s 的 XPS 谱图及其拟合峰图(无 ILs)

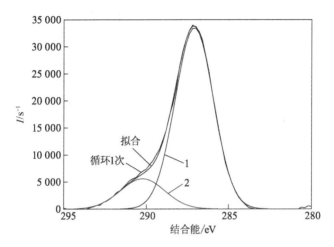

图 6.13 固相沉淀产物中 C 1s 的 XPS 谱图及其拟合峰图(循环 1 次)

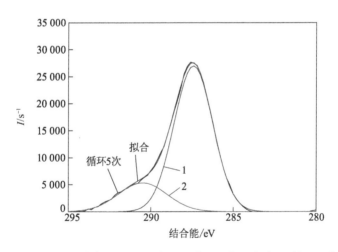

图 6.14 固相沉淀产物中 C 1s 的 XPS 谱图及其拟合峰图(循环 5 次)

表 6.5　固相沉淀产物的 XPS 谱图中 C 1s 数据

固相沉淀产物	峰号	峰位置/eV	差值/eV	I/s^{-1}	半峰宽/eV	高斯-洛仑兹比/%	峰面积/($eV \cdot s^{-1}$)	占总面积的百分数/%
无 ILs	1	287.61	0.00	22 096	2.93	100	59 558	78.6
	2	290.47	2.86	4 230	3.60	100	16 210	21.4
循环 1 次	1	287.09	0.00	33 950	2.74	100	81 520	83.9
	2	290.23	3.14	4 663	3.16	100	15 685	16.1
循环 5 次	1	287.42	0.00	27 489	2.77	100	66 310	80.1
	2	290.50	3.08	4 441	3.48	100	16 451	19.9

表 6.6　固相沉淀产物的 XPS 谱图中 C 1s 峰归属

固相沉淀产物	结合能/eV	峰面积占比/%	峰归属
无 ILs	287.61	78.6	$C=O$
	290.47	21.4	$O-C=O$
循环 1 次	287.09	83.9	$C=O$
	290.23	16.1	$O-C=O$
循环 5 次	287.42	80.1	$C=O$
	290.50	19.9	$O-C=O$

　　图 6.15 是腐植酸钠/[CPL][TBAB]复合吸收剂吸收二氧化硫后的固相沉淀产物中高分辨率 O 1s 的 XPS 谱图及其拟合峰图,从图中可以看出固相沉淀产物中高分辨率 O 1s 的 XPS 谱图可由两个峰拟合而成,详细数据见表 6.7 与表 6.8,两个峰分别在近 534.2 eV 和近 535.3 eV 处,按照本章参考文献[27]和参考文献[28],固相沉淀产物中的氧元素主要以 $O-C=O$ 和 $R-SO_3H$ 的形式存在,详细的 O 1s 归属见表 6.9。

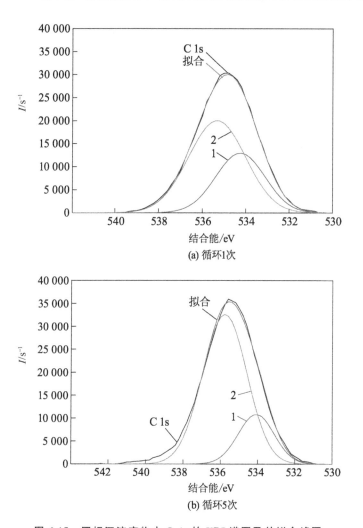

图 6.15　固相沉淀产物中 O 1s 的 XPS 谱图及其拟合峰图

表 6.7　首次循环后固相沉淀产物的 XPS 谱图中 O 1s 数据

峰号	峰位置/ eV	差值/ eV	I/s^{-1}	半峰宽/ eV	高斯- 洛仑兹比/ %	峰面积/ $(eV \cdot s^{-1})$	占总 面积的 百分数/%
1	534.25	0.00	10 812	2.67	100	30 729	35.95
2	535.32	1.07	16 698	3.08	100	54 745	64.05

表 6.8　循环 5 次后固相沉淀产物的 XPS 谱图中 O 1s 数据

峰号	峰位置/ eV	差值/ eV	I/s^{-1}	半峰宽/ eV	高斯- 洛仑兹比/ %	峰面积/ $(eV \cdot s^{-1})$	占总 面积的 百分数/%
1	534.08	0.00	9 000	2.27	100	21 747	21.2
2	535.78	1.70	37 191	2.80	100	81 043	78.8

表 6.9　固相沉淀产物的 XPS 谱图中 O 1s 峰归属

固相沉淀产物	结合能/eV	峰面积占比/%	峰归属
循环 1 次	534.25	35.95	$O—C{=}O$
	535.32	64.05	$R—SO_3H$
循环 5 次	534.08	21.2	$O—C{=}O$
	535.78	78.8	$R—SO_3H$

图 6.16 是腐植酸钠/[CPL][TBAB]复合吸收剂吸收二氧化硫后的固相沉淀产物中 Na 1s 的 XPS 谱图,从图中可以看出 Na 元素的结合能强度随着循环次数的增加而增强,即随循环次数的增加,Na 元素的相对含量也在增大。

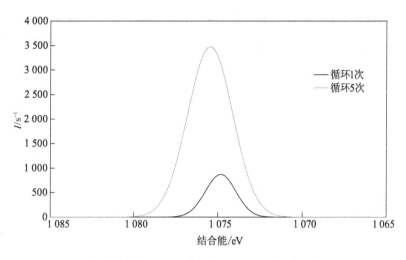

图 6.16 固相沉淀产物中 Na 1s 的 XPS 谱图

表 6.10 为固相沉淀产物的 XPS 谱图中 Na 1s 的详细数据，其中峰面积随循环次数的增加而增大，这也说明随循环次数的增加，Na 元素的相对含量增大，同时也说明可以通过多次循环获得理想的磺化产物。

表 6.10 固相沉淀产物的 XPS 谱图中 Na 1s 数据

循环次数	峰位置/eV	差值/eV	I/s^{-1}	半峰宽/eV	高斯－洛仑兹比/%	峰面积/$(eV \cdot s^{-1})$
1	1 075.38	0.00	438	2.10	100	979
5	1 075.46	0.08	3 742	3.12	100	5 785

6.4 小结

本章通过对腐植酸钠/[CPL][TBAB]复合吸收剂循环吸收二氧化硫的研究,分别考察了循环次数对复合吸收剂吸收二氧化硫的效率、吸收量,以及复合吸收剂吸收二氧化硫前后 pH 值的影响,得出如下结论:在使用腐植酸钠/[CPL][TBAB]复合吸收剂吸收二氧化硫时,为了得到较高的效率,需要根据工艺要求在排出产物的同时及时补充或更换新鲜复合吸收剂。随着循环次数的增加,复合吸收剂吸收二氧化硫的量在逐步减少,这与复合吸收剂循环使用时的初始 pH 值的降低趋势一致。通过对吸收二氧化硫后的产物进行 FTIR、XRD、XPS 及离子色谱分析等,发现产物主要是硫酸钠及磺化腐植酸,在磺化腐植酸中,硫元素主要以磺酸 R—SO₃H 形式存在,氧元素主要以 O—C=O 与 R—SO₃H 形式存在,碳元素主要以 C=O 与 O—C=O 形式存在。

 参考文献

[1] 姜秀平,刘有智.湿法烟气脱硫技术研究进展[J].应用化工,2013,42(3):535-538.

[2] 郭长仕,王梦勤.火电厂烟气无旁路湿法烟气脱硫技术研究[J].热力发电,2012,41(8):15-17.

[3] 苏桂秋,卢洪波.浅析燃煤机组石灰石-石膏湿法脱硫常见问题[J].科技资讯,2012(25):83.

[4] 邱伟,刘盛余,能子礼超,等.氢氧化钠-钢渣双碱法烧结烟气脱硫工艺[J].环境工程学报,2013,7(3):1095-1100.

[5] Wang S,Luan Y,Deng Y,et al.The structure design and numerical simulation of absorption tower in seawater FGD [J].Advanced Science Letters,2013,19(6):1562-1566.

[6] Li X,Zhu C,Ma Y.Removal of SO₂ using ammonium bicarbonate aqueous solution as absorbent in a bubble column reactor [J].Frontiers of Chemical Science and Engineering,

2013,7(2): 185—191.

[7] Shen Z G, Chen X, Tong M, et al. Studies on magnesium-based wet flue gas desulfurization process with oxidation inhibition of the byproduct [J]. Fuel, 2012, 105: 578—584.

[8] Yang X F, Zhao M, Wang G. A rhodamine-based fluorescent probe selective for bisulfite anion in aqueous ethanol media [J]. Sensors and Actuators B: Chemical, 2011, 152(1): 8—13.

[9] Zins E L, Joshi P R, Krim L. Production and isolation of OH radicals in water ice [J]. Monthly Notices of the Royal Astronomical Society, 2011, 415(4): 3107—3112.

[10] Peng H, Xiong H, Li J, et al. Vanillin cross-linked chitosan microspheres for controlled release of resveratrol [J]. Food Chemistry, 2010, 121(1): 23—28.

[11] Liu X, Hu Y, Wang B, et al. Synthesis and fluorescent properties of europium-polymer complexes containing 1, 10-phenanthroline [J]. Synthetic Metals, 2009, 159(15): 1557—1562.

[12] Raghunathan V, Han Y, Korth O, et al. Rapid vibrational imaging with sum frequency generation microscopy [J]. Optics Letters, 2011, 36(19): 3891—3893.

[13] Yang H M, Park C W, Lim S, et al. Cross-linked magnetic nanoparticles from poly(ethylene glycol) and dodecyl grafted poly(succinimide) as magnetic resonance probes [J]. Chemical Communications, 2011, 47(46): 12518—12520.

[14] Tang C Y, Kwon Y N, Leckie J O. Effect of

membrane chemistry and coating layer on physiochemical properties of thin film composite polyamide RO and NF membranes: I.FTIR and XPS characterization of polyamide and coating layer chemistry [J]. Desalination, 2009, 242 (1 − 3): 149−167.

[15] Hue K A A. Modification and characterization of montmorillonite clay for the extraction of zearalenone [J].Bioscience Biotechnology & Biochemistry,2009,67(3): 627−630.

[16] 张树鹏.聚乙二醇/功能化石墨烯层状纳米复合材料热稳定性的提高[J].化学学报,2012,70(12): 1394−1400.

[17] Miller K L, Lee C W, Falconer J L, et al. Effect of water on formic acid photocatalytic decomposition on TiO_2 and Pt/TiO_2[J].Journal of Catalysis,2010,275(2): 294−299.

[18] Mishra A, Mishra R, Shrivastava S. Structural and antimicrobial studies of coordination compounds of Vo(Ⅱ),Co(Ⅱ),Ni(Ⅱ) and Cu(Ⅱ) with some Schiff bases involving 2-amino-4-chlorophenol [J]. Journal of the Serbian Chemical Society,2009,74(5): 523−535.

[19] Spinace M A, Lambert C S, Fermoselli K K, et al. Characterization of lignocellulosic curaua fibres [J]. Carbohydrate Polymers,2009,77(1): 47−53.

[20] Feng S, Shen K, Wang Y, et al. Concentrated sulfonated poly(ether sulfone)s as proton exchange membranes [J].Journal of Power Sources,2012,224: 42−49.

[21] Nakamichi Y, Hirai Y, Yabu H, et al. Fabrication of patterned and anisotropic porous films based on photo-cross-linking of poly(1,2-butadiene) honeycomb films [J].Journal of

Materials Chemistry,2011,21(11): 3884—3889.

[22] Lee C H,Takagi H,Okamoto H,et al.Improving the mechanical properties of isosorbide copolycarbonates by varying the ratio of comonomers [J]. Journal of Applied Polymer Science,2013,127(1): 530—534.

[23] Qu Y C,Jia J,Gao Y,et al.Separation of lignin from pine-nut hull by the method of HBS and preparation of lignin-PEG-PAPI [J]. Applied Mechanics and Materials,2013,320: 429—434.

[24] Brunetti B,de Giglio E,Cafagna D,et al.XPS analysis of glassy carbon electrodes chemically modified with 8-hydroxyquinoline-5-sulphonic acid [J]. Surface and Interface Analysis,2012,44(4): 491—496.

[25] Jarvis K L,Majewski P J.Influence of film stability and aging of plasma polymerized allylamine coated quartz particles on humic acid removal [J].ACS Applied Materials & Interfaces,2013,5(15): 7315—7322.

[26] Bai H, Xu Y, Zhao L, et al. Non-covalent functionalization of graphene sheets by sulfonated polyaniline [J].Chemical Communications,2009(13): 1667—1669.

[27] Rosenthal D,Ruta M,Schlögl R,et al.Combined XPS and TPD study of oxygen-functionalized carbon nanofibers grown on sintered metal fibers [J]. Carbon, 2010, 48（6）: 1835—1843.

[28] Deng Y,Zhao D,Chen X,et al. Long lifetime pure organic phosphorescence based on water soluble carbon dots [J].Chemical Communications,2013,49(51): 5751—5753.

第 7 章

腐植酸钠复合吸收剂脱硫技术应用前景展望

7.1 腐植酸钠复合吸收剂脱硫技术

7.7.1 工艺原理

（1）半干法腐植酸钠氨水复合吸收剂脱硫原理

腐植酸钠氨水复合吸收剂在二氧化氮存在的条件下吸收二氧化硫的化学反应方程式如下：

$$4SO_2 + 8NH_3 + 4H_2O + O_2 \Longrightarrow 2(NH_4)_2SO_3 + 2(NH_4)_2SO_4$$

$$2NO_2 + 2NH_3 + H_2O \Longrightarrow NH_4NO_3 + NH_4NO_2$$

$$2SO_2 + 2H_2O + 4HA\text{-}Na + O_2 \Longrightarrow 4HA \downarrow + 2Na_2SO_4 + 2H_2 \uparrow$$

（2）湿法污泥腐植酸钠吸收剂脱硫原理

烟气进入脱硫装置的湿式吸收塔，与自上而下喷淋的污泥腐植酸钠吸收剂浆液雾滴逆流接触，其中的酸性氧化物 SO_2 及其他污染物被吸收，烟气得以充分净化；吸收 SO_2 后的浆液反应生成腐植酸等，通过沉淀池静置后脱水处理得到脱硫副产品——腐植酸肥料，最终实现含硫烟气的综合治理。污泥腐植酸钠吸收剂吸收二氧化硫的产物的主要成分是腐植酸、蛋白质、糖类、脂肪及其他一些小分子有机酸等。

（3）湿法腐植酸钠/[CPL][TBAB]复合吸收剂吸收二氧化

硫原理

利用腐植酸钠/[CPL][TBAB]复合吸收剂吸收二氧化硫的过程中,混合气体中的二氧化硫首先溶入吸收剂溶液发生溶解平衡和离子平衡,生成 HSO_3^-、SO_3^{2-}、H^+ 等,然后 H^+ 与腐植酸钠上的羧基和羟基发生反应生成难溶的腐植酸,$NaHSO_3$ 作为亲核试剂与腐植酸片段上的苯环发生迈克尔加成反应,从而使腐植酸部分磺化成磺化腐植酸。腐植酸钠/[CPL][TBAB]复合吸收剂循环吸收二氧化硫时,为了得到较高的吸收效率,需要根据工艺要求在排出产物的同时及时补充或更换新鲜复合吸收剂,产物主要是硫酸钠及磺化腐植酸,在磺化腐植酸中硫元素主要以磺酸 $R—SO_3H$ 形式存在,氧元素主要以 $O—C=O$ 与 $R—SO_3H$ 形式存在,碳元素主要以 $C=O$ 与 $O—C=O$ 形式存在。

7.7.2　工艺流程

(1) 半干法腐植酸钠氨水复合吸收脱硫工艺流程

腐植酸钠与氧化铝颗粒充分混合制作成脱硫吸收剂,置于流化床反应器中,并添加氨水与进入反应器的烟气接触,烟气中的二氧化硫与腐植酸钠发生化学反应,生成腐植酸及腐植酸铵,产物经旋风分离器分离制得肥料,从而达到脱除二氧化硫的目的。脱硫后的烟气经除尘器除尘和加热器加热后由增压风机经烟囱排放,具体流程如图 7.1 所示。此工艺的优点:① 过程简单,适用煤种丰富;② 腐植酸钠吸收剂来源广泛,吸收效率高,超过 95%;③ 产物可以用作肥料,实现资源化利用。

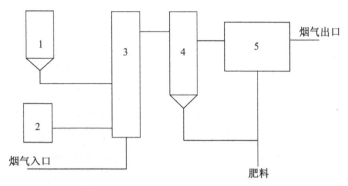

1—吸收剂储仓；2—氨水罐；3—反应器；4—旋风分离器；5—除尘器

图 7.1 半干法腐植酸钠氨水复合吸收剂脱硫工艺流程

（2）污泥腐植酸钠吸收剂脱硫工艺流程

污泥经碱处理后含有一定的碱和腐植酸盐，主要成分是腐植酸钠。碱处理后的废液也呈碱性，因此碱处理后的废液具有吸收二氧化硫的能力。污泥腐植酸钠吸收剂脱硫工艺流程如图 7.2 所示。将剩余污泥与氢氧化钠按比例在碱处理罐中进行碱处理，烟气经除尘器除尘后，由增压机送入换热器中的热侧经降温后再送入吸收塔。在吸收塔中，烟气与碱处理后的污泥腐植酸钠吸收剂充分混合，烟气中的二氧化硫被脱除。脱除二氧化硫后的烟气经换热器的冷侧升温后从烟囱排出。此工艺的优点：① 腐植酸钠吸收剂由剩余污泥制得，价格便宜；② 整个工艺可以实现剩余污泥减量化；③ 吸收产物可以用作肥料，实现资源化利用。

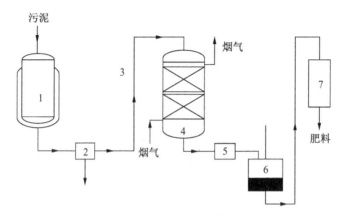

1—污泥碱处理罐；2—离心机；3—管路；4—喷淋塔；
5—反应器；6—沉淀池；7—旋风干燥器

图7.2　污泥腐植酸钠吸收剂脱硫工艺流程

（3）腐植酸钠/［CPL］［TBAB］复合吸收剂循环脱硫工艺
流程

腐植酸钠/［CPL］［TBAB］复合吸收剂循环脱硫工艺是参考
目前实际应用的各种湿法脱硫工艺中净化二氧化硫过程的连续
性特点,将腐植酸钠/［CPL］［TBAB］复合吸收剂应用于循环吸
收二氧化硫,其工艺流程如图7.3所示。在此工艺中,腐植酸钠
和［CPL］［TBAB］首先按一定比例在溶解罐内溶解,然后经循环
泵输入脱硫吸收塔与含二氧化硫的烟气接触并反应,吸收剂输
入反应罐与溶入吸收剂的二氧化硫进行充分反应生成腐植酸沉
淀,沉淀生成后可以促进腐植酸钠的进一步溶解,产物经沉淀池
进行固液分离,最后固体产物经脱水处理后制成腐植酸复合肥
料,酸性液体用腐植酸钠中和处理后可输入溶解罐中作为吸收
剂循环使用。此工艺的优点：① 腐植酸钠吸收剂来源广泛,其
主要由低品质褐煤制得；② 整个工艺过程无废水排放,节约水
资源；③ 吸收产物可以用作肥料,实现资源化利用。

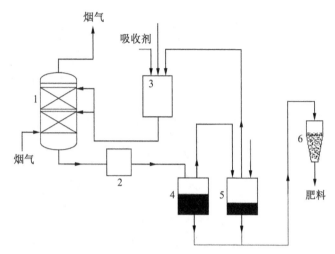

1—喷淋塔；2—反应罐；3—溶解罐；4—沉淀池；5—中性池；6—旋风干燥器

图 7.3　腐植酸钠/[CPL][TBAB]复合吸收剂循环脱硫工艺流程

7.2　技术评价分析

　　发达国家从 20 世纪 80 年代初就开始对烟气脱硫技术进行评价和筛选,比较成熟的体系有美国电力研究所(EPRI)的 EPRI 评价体系、英国 IEA 煤炭研究所的 IEA 评价体系和美国能源部(DOE)的清洁煤技术评价体系(CCPT)等。我国也有一些评价体系,比较简单,基本评价指标与国外的评价体系相差不大。无论是国内还是国外,评价指标大体上是类似的,主要有技术成熟度、技术环境性能、技术经济性能及技术适用性。随着脱硫技术的发展,技术评价体系也在不断发展,技术评价指标越来越细化,也越来越定量化,具体从以下几方面考虑:

　　(1)环境特性

　　根据处理后烟气的 SO_2 排放量进行评价,按其平均值与排放标准的比较分为很好、好、中等和不好四个等级,低于排放标准的为"很好",达到标准的为"好",接近标准的为"中等",达不到标准的为"不好"。采取腐植酸钠复合吸收剂脱硫工艺处理后的 SO_2 排放量低于排放标准,因此其环境特性处于"很好"等级。

（2）经济性指标

烟气脱硫（FGD）占电站装机总投资的比例和单位 SO_2 脱除成本作为综合经济性能评价的标准,在电厂规模、贴现率和燃料性质等参数均一致时,单位 SO_2 脱除成本和 FGD 装机投资比例最低者即为最佳技术。经过技术经济分析,腐植酸钠复合吸收剂脱硫工艺的经济性指标中,单位 SO_2 脱除成本较低。

（3）技术性能指标

技术性能指标主要包括脱硫率、吸收剂利用率、吸收剂的可获得性和易处理性、脱硫副产品的处置和可利用性、对锅炉和烟气处理系统的影响、对机组运行的影响、对周围环境的影响、占地大小、流程的复杂程度、动力消耗、工艺成熟度及技术复杂程度等。分析这些指标可以发现,腐植酸钠复合吸收剂脱硫工艺的脱硫率和脱硫副产品等均具有独特的优势。

7.3　前景展望

我国与美国、日本、欧洲等发达国家和地区相比,存在硫氧化物基数大、增量快的问题,因此,在减少年硫氧化物排放量的基础上,如何控制经济发展带来的新增污染是我国硫氧化物减排面临的主要问题。

我国脱硫企业引进了多项发达国家的技术。例如,德国 FBE 公司的石灰石-石膏湿法脱硫技术被北京国电龙源环保有限公司引进,福建龙净环保股份有限公司引进德国 LLB 公司的石灰石-石膏湿法和烟气循环流化床干法脱硫技术,国家电投集团远达环保股份有限公司采用的是日本三菱重工的石灰石-石膏湿法脱硫技术。可见,德国、日本等脱硫技术先进的发达国家与我国及其他脱硫技术研究起步较晚的国家进行技术合作,能够促进全球硫氧化物的减排。随着我国工业生产水平的不断提高,烟气脱硫技术必定会相应地取得发展。

脱硫技术的目标将会定位在投资与运维费用少、成本低、脱硫效果好、脱硫效率高、附加污染少等方面。硫的二次利用将会被纳入脱硫技术的研究范围,从而实现工业生产的可持续发展,让工业发展的节奏更加平稳。在这种发展趋势的影响下,一些比较新颖的脱硫技术已逐步形成,而腐植酸钠复合吸收剂脱硫技术恰恰符合以上要求。在未来,烟气脱硫技术可能从脱硫设备选择、脱硫剂、脱硫工艺流程等方面入手进行相应的改善。因此,腐植酸钠复合吸收剂脱硫技术将为新型脱硫技术打开一种新思路。

 参考文献

[1] 钟史明.能源与环境——节能减排理论与研究[M].南京:东南大学出版社,2017.

[2] 黄华.规制约束——政策激励下中国煤电行业清洁化研究[D].北京:北京交通大学,2019.

[3] 孙志国.腐植酸钠吸收烟气中 SO_2 和 NO_2 的实验及机理研究[D].上海:上海交通大学,2011.

[4] 国家知识产权局专利局专利文献部、北京国知专利预警咨询有限公司.大气污染防治技术专利竞争情报研究报告[M].北京:知识产权出版社,2017.

[5] 刘艺.面向核心竞争力的重庆远达环保经营过程再造研究[D].重庆:重庆大学,2002.

[6] 水振江.电厂烟气脱硫技术的探讨[J].城市建设理论研究(电子版),2019(4):119.

[7] 孙志国,贾世超,黄浩,等.腐植酸净化烟气多污染物的研究进展[J].腐植酸,2018(6):20—27.